Barbara Eisenbarth

# *Naß-in-Naß-Techniken*

Barbara Eisenbarth

# *Naß-in-Naß-Techniken*

Augustus Verlag

*Im Auenwald.*
*Naß-in-Naß-Technik in voller Entfaltung beinhaltet dieses Bild, das ich als mein persönliches Schlüsselerlebnis bezeichnen möchte.*

# Inhalt



# Vorwort

»Die Farbe hat mich mitgerissen – ich opferte ihr fast unbewußt die Form.« Diese Aussage des Malers August Macke (1887–1914) war für mich eine wichtige Erkenntnis, als ich anfing, mich mit der Aquarellmalerei und insbesondere mit der Naß-in-Naß-Technik zu beschäftigen. Denn auch ich mußte mich mit der Eigenständigkeit und der Beweglichkeit auseinandersetzen, die die Aquarellfarbe im nassen Bereich entwickelt. Als Zeichner war es schwierig, deren Eigengesetzlichkeit zu akzeptieren, denn die Vorstellung von einer bestimmten Form wurde durch die Farbe in ihrer vollen Beweglichkeit mitbestimmt.

Durch die Worte August Mackes wurde mir klar, daß es möglich ist, die Form zugunsten der Farbe aufzugeben, und dies war mein persönlicher Schritt vom Zeichner zum Maler. Die Farbe war mein Partner geworden, und anfänglich war dieser noch dominant. Doch mit zunehmender Übung gelang es mir, die Eigenwilligkeit der Farbe im Zaum zu halten und diese bis zu einem bestimmten Grad zu steuern. Reizvolle, allein durch die Farbe entstandene Ergebnisse entschädigten mich immer wieder für die Mißerfolge. Durch ständige Übung und zunehmende Erfahrung gelang es mir plötzlich, die Farbe für meine Zwecke einzusetzen. Dieses Buch vermittelt nun die Ergebnisse meines Experimentierens in dieser Zeit und das Wissen über die Naß-in-Naß-Technik in konzentrierter Form. Es soll als Hilfestellung dienen, um die Hürden dieser Malart leichter nehmen zu können. Lassen Sie mich abschließend bemerken, daß die Probleme, mit denen Sie in dieser Maltechnik wahrscheinlich zu kämpfen haben, auch einmal meine Probleme waren. Aber Schwierigkeiten sind bekanntlich dazu da, daß sie bewältigt werden.

Ich wünsche Ihnen viel Freude und Erfolg beim Malen.

*Barbara Eisenbarth*

# Arbeitsmaterial und Pflege

**Die Qualität der Pinsel, Farben und des verwendeten Aquarellpapiers spielt für die Gesamtwirkung Ihrer Bilder eine wesentliche Rolle. Aus diesem Grunde sollten Sie beim Kauf einer Grundausrüstung für die Aquarellmalerei einige Punkte beachten.**

## Pinsel

Die besten Pinsel sind rundgebundene Pinsel aus Kolinsky-Marderhaar. Sie sind zwar teuer, aber die Anschaffung lohnt sich. Neben ihrer guten Sprungfähigkeit sind die Pinsel weich und elastisch und lassen sich auch bei stärkeren Größen zu einer feinen Spitze formen. Dies ermöglicht Ihnen, sowohl feine und dünne Linien als auch schwungvolle Pinselstriche auszuführen. Bei guter und sachgemäßer Pflege besitzen sie eine lange Lebensdauer. Für den Anfang empfehle ich Ihnen je einen Rundpinsel der Größe 1 bis 3 und 7 bis 9. Außerdem sollten Sie zum Nässen des Papiers, zum Verziehen der Farbe und für größere Farbflächen noch einen Rindshaarflachpinsel von etwa 24 mm Breite besitzen.
Gebrauchte Pinsel sollten stets mit klarem, kaltem Wasser gereinigt werden. Um die Spitze wieder zu formen, schleudern Sie mit einem Schwung aus dem Handgelenk das Wasser aus dem Pinsel und lassen diesen waagerecht liegend trocknen. Stellen Sie den Pinsel niemals mit der Spitze nach unten ins Wasserglas, denn dadurch wird diese umgebogen und verformt sich. Sollte Ihnen das kleine Mißgeschick dennoch einmal passiert sein, hier ein Trick, wie Sie Ihren Pinsel wieder in Form bringen, ihn, wie es in der Fachsprache heißt, »dressieren« können:
Sie benötigen ein Stück Neutralseife ohne Duftstoffe und Zusätze. Lösen Sie mit klarem, kaltem Wasser und Ihrem Pinsel die Seife an, bis ein Seifenbrei entsteht. Diesen Seifenbrei nehmen Sie satt auf Ihren Pinsel, formen ihn mit Ihren Fingerspitzen und lassen ihn liegend langsam trocknen. Der Seifenbrei wird bei Trocknung hart und dressiert die einzelnen Pinselhaare wieder in die gewünschte Richtung. Vor neuerlichem Gebrauch spülen Sie Ihren Pinsel gründlich mit klarem Wasser aus und entfernen alle Seifenreste.

## Papier

Auch die Wahl des richtigen Papiers ist für die Aquarellmalerei wichtig, da der Malgrund und die aufgetragenen Farben optisch zusammenwirken. So verändert beispielsweise ein schnell vergilbendes Papier auch gleichzeitig die Farbwirkung Ihrer Bilder. Gerade für die Naß-in-Naß-Technik sollte Ihr Papier starke Saugfähigkeit und trotzdem hohe Stabilität besitzen. Es sollte alterungs- und lichtbeständig sein und im Papiergewicht über 200 g/m$^2$ liegen.
Aquarellpapier gibt es in unterschiedlicher Oberflächenstruktur und Körnung. Man unterscheidet nach der Art: Ingres-Struktur, matt, rauh, extra rauh, Feinkorn, Mittelkorn, Grobkorn und Torchon. Für den Anfang empfehle ich, ein Papier mittlerer Körnung zu benutzen. Außerdem ist das Papier in Blocks oder als Einzelblätter erhältlich. Hochwertige Blocks sind allseitig geleimt und dadurch gegen Wellenbildung weitgehend geschützt. Einzelblätter sind preiswerter und in größeren Formaten erhältlich. Sie müssen allerdings beim Malen mit Klebeband oder Reißzwecken auf einer stabilen Unterlage befestigt und nach Fertigstellung und Trocknung des Bildes aufgezogen werden. Wie das gemacht wird, erfahren Sie im letzten Kapitel des Buches (s. Seite 61).
Ihr Papier sollten Sie stets waagrecht liegend lagern und auch bei hoher Lichtbeständigkeit gegen starken Lichteinfall schützen.

## Farben

Aquarellfarben werden in Näpfchen oder Tuben angeboten. Es gibt sie in zwei Qualitäten, als preiswerte Schul- oder teurere Künstlerfarben. Ich empfehle Ihnen die Künstlerfarben, da deren Lichtbeständigkeit, Brillanz und Zartheit die höhere Geldausgabe rechtfertigen.
Alle in diesem Buch vorgestellten Bildbeispiele sind mit sechs Farben ausgeführt, nämlich zwei Rot-, zwei Blau- und zwei Gelbtönen.

## Sonstiges Material

Des weiteren benötigen Sie noch einen weichen Bleistift, einen Knetgummi zum Radieren, zwei Wassergläser und einen Mallappen. Falls Sie Tubenfarben benützen, sollten Sie eine Plastikpalette zum Mischen besitzen. Bei Näpfchen ist ein Metallkasten zum Aufbewahren und Mischen der Farben notwendig.
Einige Beispiele im Buch sind in Mischtechnik mit Tusche oder Salz ausgeführt. Dafür sollten Sie wasserfeste Tusche (schwarz), eine Rohrfeder aus Bambus und gewöhnliches Haushaltssalz in Ihre Grundausrüstung mit aufnehmen.

| | Bezeichnung im Handel | Bezeichnung im Buch |
|---|---|---|
| Rot | Permanentrot 3 oder (neu) Scharlachrot<br>Echtrosa oder (neu) Krapprot tief | Scharlachrot<br>Rosa |
| Blau | Ultramarinblau<br>Coelinblau | Ultramarinblau<br>Coelinblau |
| Gelb | Indischgelb<br>Echtgelb hell oder (neu) Zitronengelb | Indischgelb<br>Zitronengelb |

*Die Grundausstattung, die Sie zum Aquarellieren benötigen, ist nicht aufwendig. Sogar bei den Farben genügen Rot, Blau und Gelb – die Grundfarben, aus denen alle anderen Farbtöne gemischt werden.*

Je nach Hersteller ist deren Lichtechtheit unterschiedlich, deshalb sollten Sie beim Kauf auf eine möglichst hohe Bewertung achten.
Die genannten drei Farbenpaare genügen, um alle gewünschten Töne auszumischen. Durch die im Buch angegebene Reihenfolge der Farben erhalten Sie einen Hinweis auf die jeweils zu verwendende Menge. Um das richtige Mischungsresultat zu erreichen, sollten Sie also von der erstgenannten Farbe immer die größte, von der zweitgenannten eine geringe Menge und von der letztgenannten nur eine Spur verwenden.
Auch Farben müssen richtig gelagert und behandelt werden. Gerade bei Näpfchenfarben sollten Sie vermeiden, diese allzu lange offen der Sonne auszusetzen. Auch die Aufbewahrungstemperatur spielt eine Rolle. Tubenfarben, die es im Set gibt, sind leicht flüssig und können gefrieren. Andererseits sollte auch allzu große Hitze über einen längeren Zeitraum hinweg vermieden werden.

**Hinweis**
Die für die Übungen angegebenen Bildformate sind nicht verbindlich. Sie sollen Ihnen lediglich eine Vorstellung von der Originalgröße des Aquarells und einen Annäherungswert für Ihr Bild vermitteln.

# Einstieg in die Naß-in-Naß-Technik

**Die sicherlich reizvollste, aber auch schwierigste Technik der Aquarellmalerei bedarf intensiver Übung. Mit zunehmender Erfahrung wird es Ihnen jedoch immer besser gelingen, die Ergebnisse weitgehend vorher zu bestimmen und die Technik gekonnt und bewußt einzusetzen.**

Naß-in-Naß-Technik bedeutet Malen auf nassem Papier oder auf einer noch feuchten Farbschicht. Dabei fließen die Farben weich aus und verzahnen sich. Dieses sogenannte »Ausblühen« der Aquarellfarben basiert auf deren Zusammensetzung und dadurch bedingten Eigenschaften.
Aquarellfarben bestehen in der Hauptsache aus Farbpigmenten, die mit einem Gummiarabicum, Dextrin- oder Tragantmantel versehen sind. Diese sogenannten Bindemittel bewirken die Schwimmfähigkeit und Beweglichkeit der Farben, so daß man Sie auch als Transportmittel bezeichnen kann. Jedes einzelne Farbpigment ist von diesem Transportmittel umhüllt. Durch die Zugabe von Wasser wird die Umhüllung langsam gelöst. Und erst wenn diese vollständig aufgelöst ist, setzt sich das Farbpigment ab und verbindet sich mit dem Papier. Demzufolge sind die Farbpigmente bis zur Auflösung ihres Bindemantels beweglich und unterliegen dem Gesetz der Schwerkraft. Sie rinnen über das Blatt nach unten, wenn dieses aufgestellt wird.
Wie weit die Farben ausblühen und wie weich sie sich verzahnen, hängt hingegen vom Feuchtigkeitsgrad des Papiers ab. Die schönsten Verzahnungen entstehen bei optimaler Aquarellfeuchte. Diese kann man erreichen, indem man das Blatt gründlich und gleichmäßig mit dem Flachpinsel und sauberem Wasser näßt. Das Wasser muß dabei mit waagerechten und senkrechten Pinselstrichen in das Papier einmassiert werden – und zwar so lange, bis sich auf dem Malgrund kein glänzender Wasserfilm mehr befindet. Ein solcher Wasserfilm entsteht dann, wenn Sie das Wasser nur flüchtig und in großen Mengen auftragen, es daher nicht vom Papier aufgesaugt wird. Massieren Sie jedoch das Wasser gründlich ein, so nimmt die Oberfläche Ihres Papiers einen matten Glanz an. Auf keinen Fall sollten Wasserpfützen stehenbleiben. Ist dies dennoch einmal geschehen, können diese mit einem weichen Naturschwamm aufgesaugt werden.
Des weiteren spielt auch die Pinselführung für das Ergebnis eine Rolle. Schnelle, flüchtige und leichte Striche zahnen nicht so weit aus, langsame, ruhig aufgesetzte Pinselstriche hingegen werden farbkräftiger und breiter. Die nachfolgende Übung verdeutlicht Ihnen dies in der Praxis.
Da bei der Naß-in-Naßtechnik verhältnismäßig rasch gearbeitet werden muß, empfiehlt es sich, Näpfchenfarben mit einigen Tropfen sauberen Wassers leicht anzulösen, damit die Farbe schnell auf den Pinsel genommen werden kann. Tubenfarben sind bereits im halbfeuchten Zustand und können sofort verwendet werden. Legen Sie sich Ihre Farben immer vor dem Anfeuchten des Papiers zurecht.

# Erste Übungen

Nässen Sie die untere Blatthälfte in der oben beschriebenen Weise mit dem Flachpinsel gründlich an, der obere Teil Ihres Papiers bleibt trocken. Für diese Übung verwenden Sie am besten Ihren Rundpinsel der Größe 7 bis 9, da dieser ausreichend Farbe aufnehmen kann. Die Wahl der Farbe bleibt Ihnen überlassen.
Nehmen Sie Farbe auf den Pinsel und beginnen Sie im oberen trockenen Teil Ihres Blattes. Versuchen Sie senkrechte Striche vom Trockenen ins Feuchte zu ziehen. Setzen Sie erst einen schnellen Strich (A), dann einen deutlich langsameren (B). Im Vergleich sind nun bei A ein deutlich schmaleres Ausblühen und hellere Farbgebung zu erkennen. Wiederholen Sie anschließend die Übung in umgekehrter Richtung, also vom feuchten Papiergrund in den trockenen, ebenfalls einmal schnell (A) und einmal langsam (B), und vergleichen Sie auch hier die Ergebnisse.
Als nächstes setzen Sie einige Punkte erst auf trockenes und dann auf feuchtes Papier. Halten Sie dabei Ihren Pinsel senkrecht und lassen Sie die Pinselspitze nur kurz aufstehen, dann ziehen Sie den Pinsel wiederum senkrecht nach oben weg. Bei A im feuchten Bereich wurde die Pinselspitze etwas länger auf dem Papier angesetzt. Dadurch kann mehr Farbe auf den Malgrund fließen, und der Umfang der Verzahnung wird größer. Punkt B ist kleiner; hier wurde die Pinselspitze nur kurz aufgesetzt.
Nun legen Sie fächerförmig, ebenfalls einmal im trockenen und einmal im feuchten Bereich, dicht nebeneinanderliegende Pinselstriche an. Führen Sie dabei Ihren Pinsel von außen nach innen. Dann versuchen Sie noch einige schwungvolle Linien, Kreise und Achter zu ziehen, und sehen sich die erzielten Ergebnisse genau an.

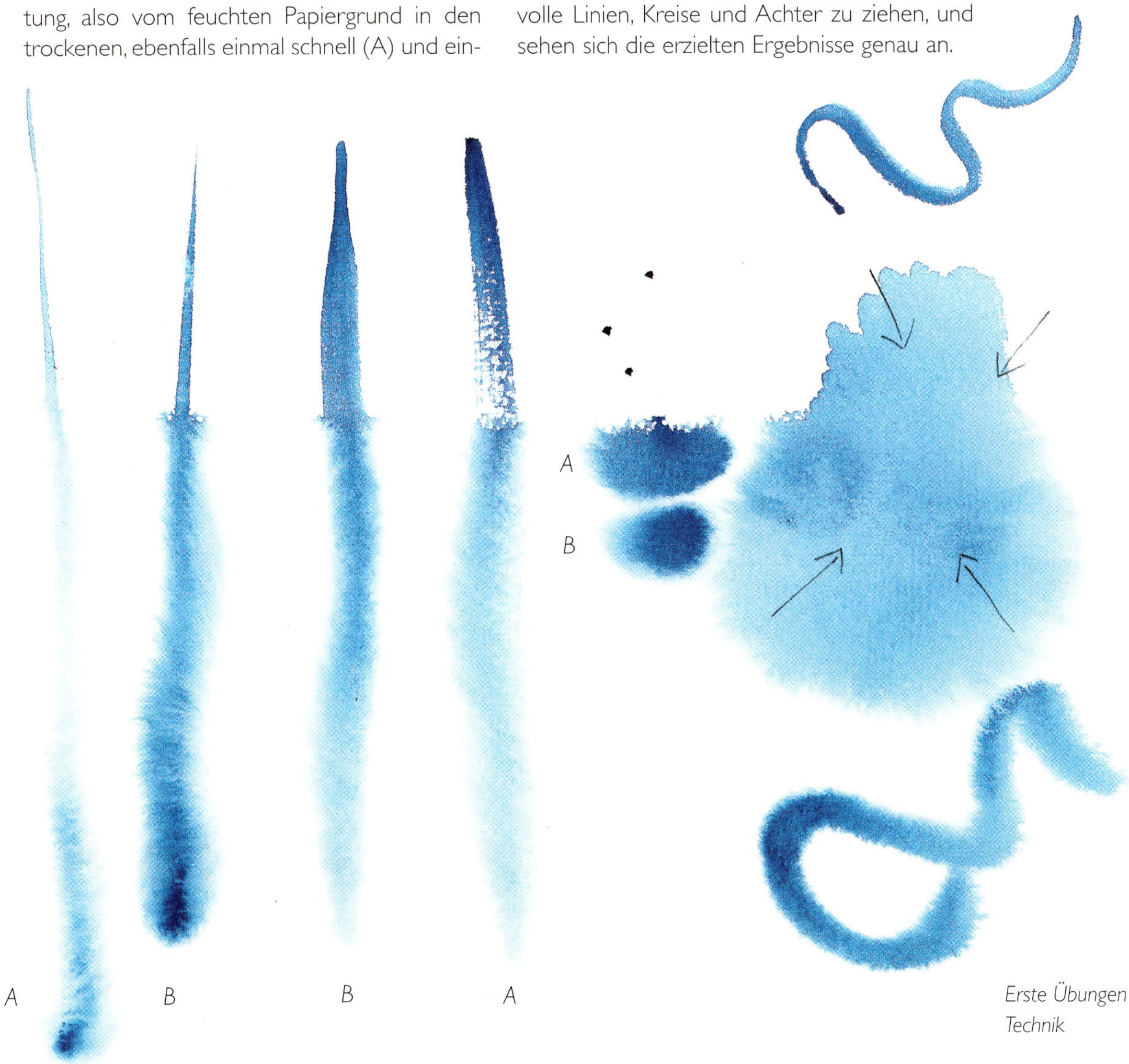


*Erste Übungen in Naß-in-Naß-Technik*

Für diese Übung werden zwei Farbtöne benutzt, damit sich auf dem Papier ein Mischton ergibt. Feuchten Sie die obere Hälfte Ihres Blattes an und nehmen Sie erst etwas Indischgelb und anschließend etwas Ultramarinblau auf Ihren Pinsel.

Beginnen Sie am unteren Rand Ihres angenäßten Bildteils und ziehen Sie schnelle, dicht nebeneinander liegende Pinselstriche von innen nach außen; ordnen Sie diese wiederum fächerförmig an (A). Bei B wird der Pinsel in umgekehrter Richtung geführt; die kräftigere gelbe Stelle entsteht, indem Sie Ihren Pinsel nochmals in Indischgelb tauchen. Der Vergleich macht auch hier die unterschiedlichen Ergebnisse deutlich: Bei Übung A ist der äußere Rand der ausgeblühten Fläche filigran verzahnt und feiner strukturiert, in Übung B erscheint er kompakter und geschlossener.

Mit diesem Beispiel haben Sie bereits zwei perfekte Baumkronen in Naß-in-Naß-Technik gestaltet, die zur Vollendung lediglich angedeutete Stämme und Äste benötigen. Zusätzlich können Sie noch einige wellenförmige Pinselstriche üben, die Sie einmal am unteren Rand des feuchten Papiers beginnen lassen, ein andermal umgekehrt durchführen.

Daß die Strichführung des Pinsels auch auf trockenem Papier immer zu unterschiedlichen Ergebnissen führt, zeigen die Abbildungen im unteren Teil des Beispiels.

*Durch die Richtung der Pinselstriche ergeben sich unterschiedliche Randstrukturen.*

# Farbreaktionen – Ein Test

Vielleicht haben Sie beim Arbeiten in der Naß-in-Naß-Technik schon bemerkt, daß Ihre Farben unterschiedlich reagieren. Einige scheinen buchstäblich zu explodieren, wenn man sie auf nasses Papier tropfen läßt, während andere sich nicht so weit ausbreiten und die Farbpigmente sich in den Vertiefungen des Aquarellpapiers absetzen. Man unterscheidet demzufolge die *sich ausbreitenden* und die *sich absetzenden (sedimentären)* Farbpigmente. Da sich bei den Aquarellfarben je nach Hersteller in diesen Eigenschaften leichte Unterschiede bemerkbar machen, sollten Sie die von Ihnen benützten Farben daraufhin untersuchen. Bei Näpfchenfarben kann es sein, daß Farben überaltert sind und nicht mehr richtig ausblühen. Diese sollten Sie für die Naß-in-Naß-Technik durch neue ersetzen.

Das Wissen, wie die einzelnen Farben reagieren, kann man sich beim Malen zunutze machen. Die sedimentären Farben sind weit besser zu kontrollieren, während die sich ausbreitenden sich schwer lenken lassen und schnell in jeden nassen Bereich, mit dem sie in Berührung kommen, »überspringen«.

Wenn eine sich ausbreitende Farbe auf eine sedimentäre gesetzt wird (oder umgekehrt), so kann das sich ausbreitende Pigment einen hellen Rand um das sich absetzende schaffen. Auch dieser interessante Effekt läßt sich so gezielt einsetzen.

Verwenden Sie für die Übung auf den folgenden Seiten reine, saubere Farben. Zunächst nässen Sie Ihr Papier gleichmäßig ein und geben jeweils einen Tropfen Farbe auf den Malgrund. Bewegen Sie Ihr Blatt dabei nicht und lassen Sie die Farben bei Zimmertemperatur langsam austrocknen. Bereits beim Auftragen werden Sie bemerken, daß sich einige Farben schnell und weit ausbreiten, andere hingegen träger erscheinen und sich weniger ausbreiten, so daß intensive Farbpartikel stehenbleiben.

Die Beispiele zeigen unterschiedliche Kombinationen, die Sie mit Ihren Aquarellfarben genauso erproben sollten. Mit A gekennzeichnete Farben sind jeweils sich setzende (sedimentäre), die mit B gekennzeichneten sich ausbreitende Aquarellpigmente.

*Sich ausbreitende und sedimentäre Farben zeigen einen unterschiedlichen Ausblühungsgrad.*

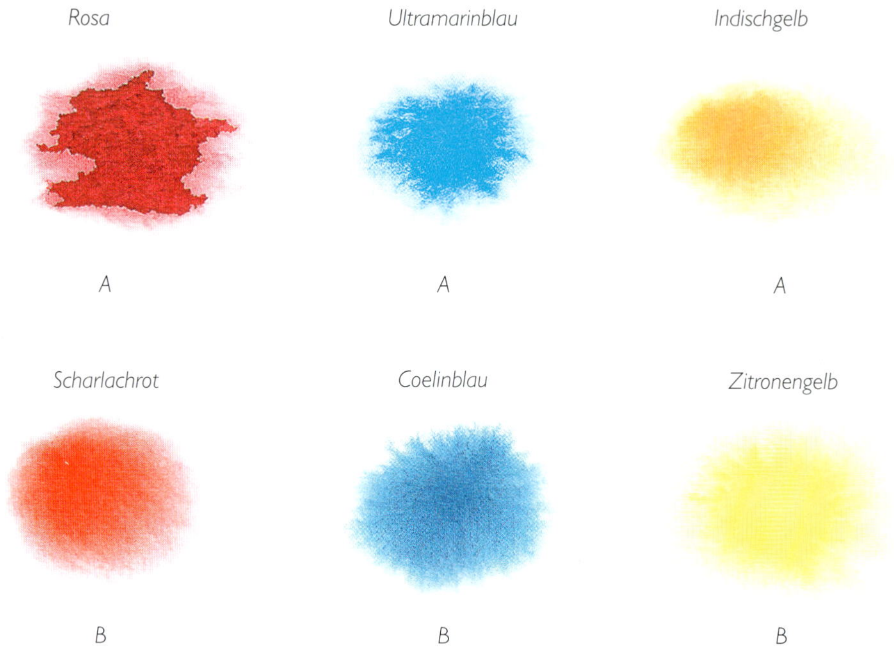


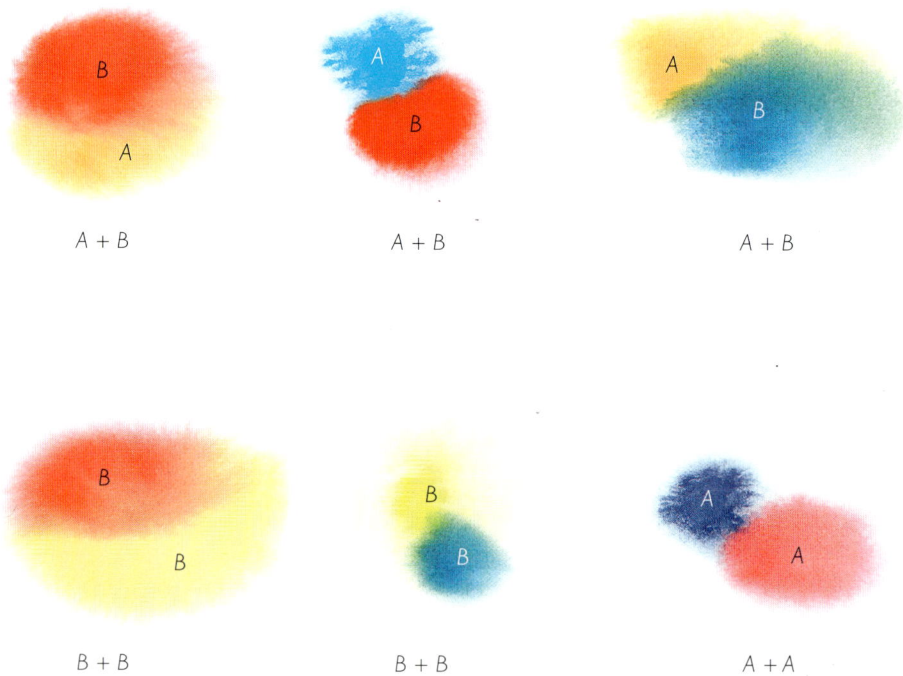


*Wirkungen bei unterschiedlicher Kombination von jeweils zwei Farben*

*Verschiedenartiges Ausblühen durch Auftupfen einer zweiten Farbe.*

*Rosa + Zitronengelb*

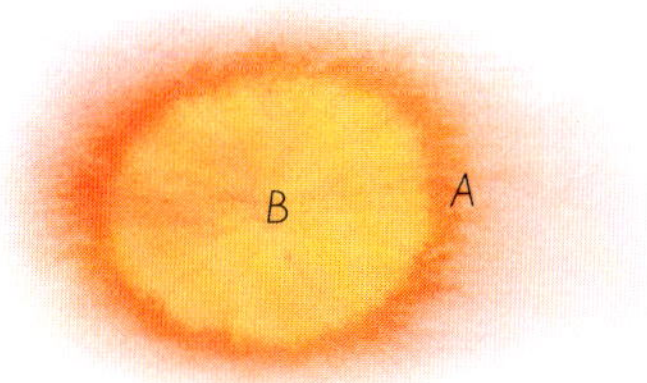


A + B

*Scharlachrot + Zitronengelb*

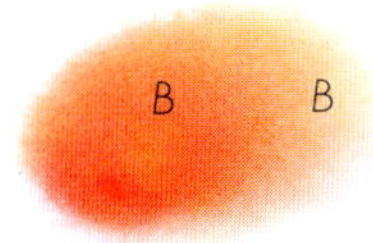


B + B

*Indischgelb + Rosa*

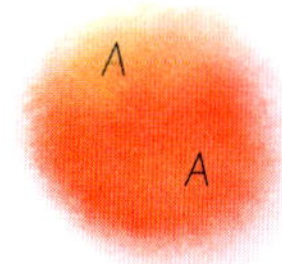


A + A

*Ultramarinblau + Zitronengelb*

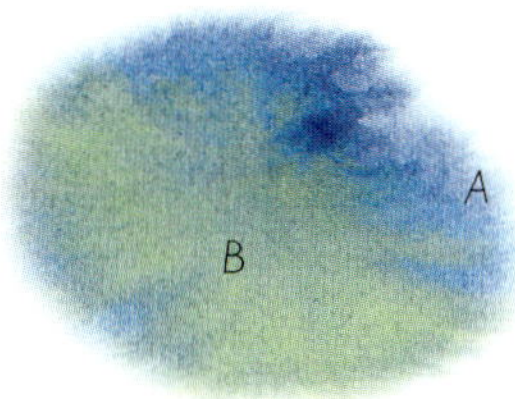


A + B

*Coelinblau + Indischgelb*

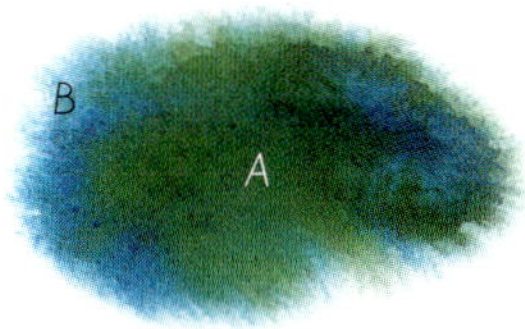


B + A

*Zitronengelb + Coelinblau*

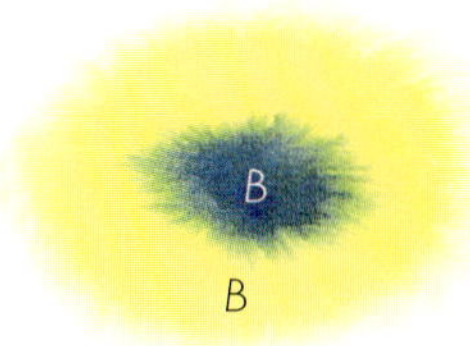


B + B

*Indischgelb + Ultramarinblau*

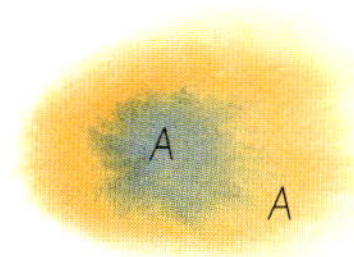


A + A

*Indischgelb + Scharlachrot + Coelinblau*

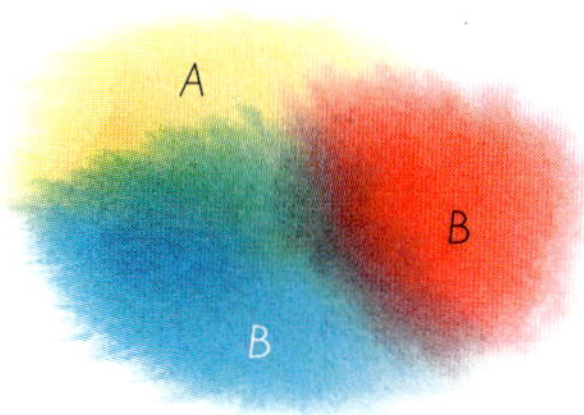


A + B +B

*Rosa + Ultramarinblau + Zitronengelb*

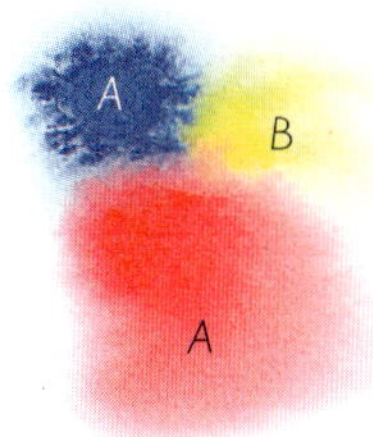


A + A + B

*Indischgelb + Ultramarinblau + Rosa*

A + A + A

*Zitronengelb + Coelinblau + Permanentrot*

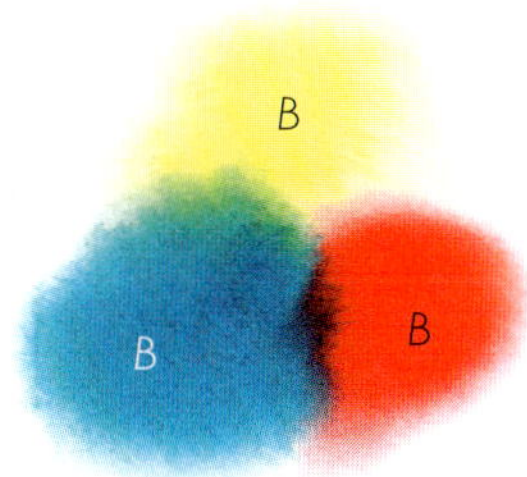


B + B + B

*Zitronengelb + Scharlachrot + Ultramarinblau*

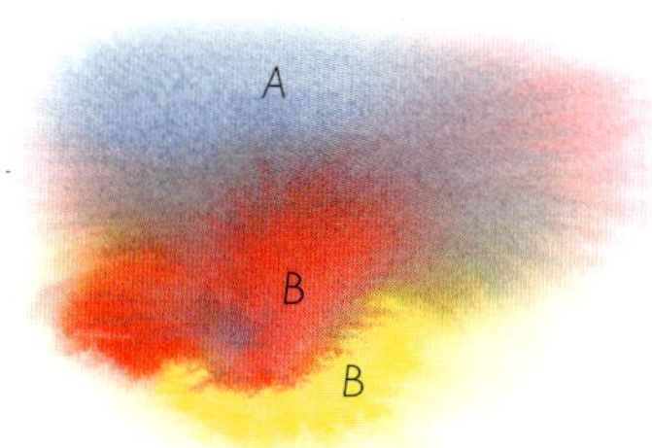


B + B + A

*Indischgelb + Rosa + Coelinblau*

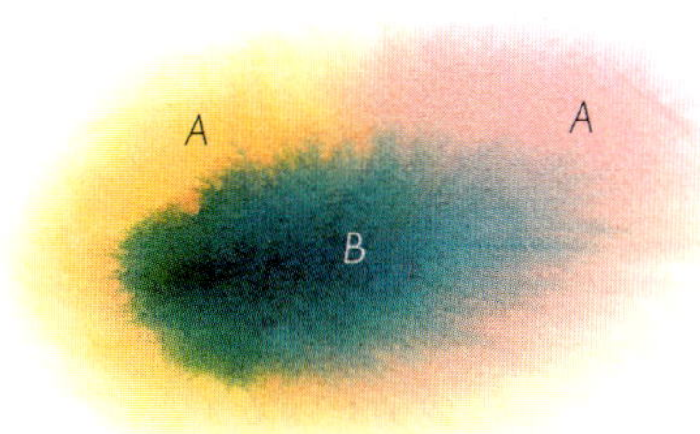


A + A + B

*Bei drei Farben ergeben sich unterschiedlichste Ausblühungsgrade.*

# Übung 1: Wasserlandschaft mit Spiegelung

Mit diesem Bildbeispiel, das Sie Schritt für Schritt nacharbeiten können, möchte ich Ihnen zeigen, wie Sie auf eine verblüffende und rasche Weise eine Spiegelung von Bäumen im Wasser darstellen können.

Diese Skizze entstand an einem strahlenden Tag an einem der vielen Seen meiner Heimat. Die Bäume des gegenüberliegenden Uferrandes spiegelten sich klar auf der ruhigen Wasseroberfläche wider. Deutlich zu sehen war auch die Brechungslinie des Lichtes, die sich am Übergang von der Wasserfläche zum Land bildet. Sie lag als weißer, flimmernder feiner Strich vor mir. Der Himmel zeigte ein strahlendes Blau.

Es empfiehlt sich, auf Skizzenpapier mit Bleistift eine detaillierte Zeichnung Ihres späteren Bildes anzufertigen, die beim Malen und Auftragen der Farben als wertvolle Orientierungshilfe dient. Auf Ihrem Aquarellpapier sollten Sie aber bei der Naß-in-Naß-Technik auf allzu genaues Vorzeichnen verzichten, da sonst die Gefahr besteht, daß das festgefügte Formenempfinden mit der Eigenwilligkeit und Beweglichkeit der Farben in Konflikt gerät.

1 Wie bereits empfohlen, sollten Sie sich bei der Naß-in-Naß-Malerei erst alle Farben, die Sie für Ihr Bild benötigen, zurechtlegen und gegebenenfalls die Näpfchenfarben etwas anfeuchten, damit sie schnell gebrauchsfertig sind. Für dieses Bild benötigen Sie einen Blauton, der aus Ultramarinblau und Coelinblau besteht und unterschiedliche Gelbockertöne, die Sie aus der Mischung von Indischgelb, Rosa und einer Spur Coelinblau erhalten. Die Ockertöne können Sie variieren, indem Sie dem Indischgelb einmal etwas mehr Rosa (ergibt Goldocker) oder etwas mehr Coelinblau (ergibt Umbra) zugeben.
Die Naß-in-Naß-Technik ist, wie Sie bereits wissen, entweder auf mit sauberem Wasser angefeuchtetem Papier oder aber auf einer noch feuchten Farbschicht durchzuführen. Um in diesem Fall das strahlende Blau des Himmels darzustellen, sollten Sie Ihr Papier nicht mit sauberem Wasser, sondern bereits mit einer verdünnten Farblösung anfeuchten. Geben Sie dazu in ein flaches Gefäß etwas Wasser sowie einige Pigmente Ultramarinblau und Coelin blau und vermischen Sie dies gründlich. Bezüglich der Intensität dieser »Farbbrühe« orientieren Sie sich an der Abbildung auf Seite 15, oben.
Benützen Sie den Rindshaarflachpinsel und tragen Sie zum Nässen des Papiers die verdünnte Farbe möglichst gleichmäßig in ausreichender Menge auf.

*Die Bleistiftskizze dient als Orientierungshilfe für die Form und Plazierung der Gegenstände im Bild.*

2 Nun gilt es rasch zu arbeiten, damit Ihr Malgrund nicht trocken wird und die Farben noch ausblühen können. Mit dem Rundpinsel der Größe 7 bis 9 nehmen Sie unterschiedliche Ockertöne auf und malen mit formgebundenen Strichen etwa im unteren Drittel Ihres Blattes die Baumkronen (Abbildung Mitte). Setzen Sie dafür kurze, diagonale, dicht nebeneinander liegende Striche und formen Sie diese zu unterschiedlich großen Kreisen. Um die Farbkraft zu differenzieren, sollten Sie außerdem ab und zu sauberes Wasser auf Ihren Pinsel nehmen. Die Farben verbinden sich teilweise mit dem Blau des Himmels, wodurch neue Mischtöne entstehen. Bewegen Sie Ihr Blatt nicht, lassen Sie es waagerecht liegen und die Farben trocknen.

*Das Anfeuchten des Papiers erfolgt hier mit einer Farbbrühe.*

3 Anschließend muß die Brechungslinie, die das Land vom Wasser trennt, ausgewaschen werden (näheres hierzu siehe »Auswaschtechnik«, Seite 20). Damit sollten Sie allerdings beginnen, wenn die Farben auf Ihrem Papier vollständig abgetrocknet sind. Auf den feinen Pinsel der Größe 1 bis 3 nehmen Sie sauberes Wasser und lösen mit einem feinen, möglichst geraden Strich die Farben auf Ihrem Papier an. Waschen Sie nun Ihren Pinsel gründlich aus, trocknen Sie ihn ab und saugen Sie so die angelöste Farbe vorsichtig auf. Dieser Vorgang muß gegebenenfalls wiederholt werden, bis die Brechungslinie die notwendige Helligkeit erreicht hat (siehe unten). Der Strich sollte sich etwa in der Mitte der Baumkronen befinden. Die ausgewaschene Linie muß wiederum abtrocknen, damit die Farben, die Sie beim weiteren Ausarbeiten auftragen, nicht in den noch feuchten Strich laufen.

*Die Führung des Pinsels entspricht der Form der Baumkronen.*

Farben:
Ultramarinblau
Coelinblau
Indischgelb
Rosa

Technik:
Naß-in-Naß-Technik
Auswaschtechnik
Lasurtechnik

Bildformat:
26 x 24 cm

*Mit einem feinen Pinsel und sauberem Wasser wird die Brechungslinie ausgewaschen.*

*Sparsam vorgenommene Detaillierungen vervollständigen das Bild.*

4 Grundsätzlich gilt, daß die Ausarbeitung von Naß-in-Naß-Aquarellen möglichst sparsam vorgenommen werden sollte, um die Wirkung dieser Malart voll zur Geltung kommen zu lassen. Benützen Sie die bereits angemischte Ockerlösung, die durch Zugabe von Rosa einen warmen Ton erhält, und malen Sie mit feinen Strichen einzelne Baumstämme und Äste oberhalb der ausgewaschenen Linie. Mit leichten, fleckenhaften Lasuren verstärken Sie teilweise das Laub. Nun drehen Sie Ihr Bild auf den Kopf und versuchen spiegelverkehrt unterhalb der Brechungslinie die Stämme und Äste wiederzugeben. Achten Sie dabei auf die Duplizität der Formen.

Mit der angemischten Lasur sollten Sie dann den Himmel etwas strukturieren. Geben Sie hier teilweise noch etwas sauberes Wasser auf den Pinsel und malen Sie leichte Wolkenschleier. Auch die Form dieser Wolken spiegelt sich in der Wasserfläche wider.

Üben Sie dieses Beispiel mehrmals und versuchen Sie, durch unterschiedliche Farbstellungen Frühling, Sommer, Herbst und Winter darzustellen

# Übung 2: Himmel und Wolken

Alte Meister forderten früher von ihren Schülern, jeden Tag mindestens einmal einen Himmel zu malen. Ein Himmel kann sämtliche Farbwerte und Formen besitzen, daher scheint das Malen von Himmel im ersten Moment sehr schwierig. Aber gerade diese Vielfalt von möglichen Formen und Farben eines bewölkten Himmels vereinfacht die Ausführung. Da beinahe jede Farbe und jede Form denkbar ist, können Sie nichts falsch machen – jede einzelne davon ist richtig. Sie treffen so beim Malen von Himmel auf weniger Probleme als beim Zeichnen oder bei perspektivischen Darstellungen. Das Sujet bietet sich außerdem als ideale Übung an, um Feinheiten und Reaktionen der jeweiligen Aquarellfarbe in Naß-in-Naß-Technik zu entdecken. Die nachfolgenden Beispiele zeigen einige Möglichkeiten für die Farb- und Formgestaltung auf.

### Variationen durch Technik

Die auf Seite 17 und 18 gezeigten Aquarelle deuten die Bandbreite der maltechnischen Möglichkeiten an. Lassen Sie sich durch die Beispiele im eigenen Experimentieren anregen.

*Nur mit der Naß-in-Naß-Technik ist dieser Himmel gemalt. Die unterschiedliche Intensität der Farben und der diagonale, leicht gebogene Pinselstrich erwecken den Eindruck von Wolken.*

*Die Darstellung der Wolken erfolgte durch Auswaschen im halbfeuchten Zustand (näheres zur Auswaschtechnik siehe Seite 20).*

*Hier sind die Wolken durch das Aufdrücken eines zerknüllten Papiertaschentuchs auf die noch sehr nasse Farbfläche entstanden.*

## Variationen in Farbe

Die Farbgestaltung bestimmt in starkem Maß Ausdruck und Stimmung des Himmels.

*Durch Neigung des Blattes konnten die unterschiedlich breiten Farbstreifen in Ultramarinblau, Coelinblau und Rosa weich ineinanderfließen. Mit dem Rundpinsel wurden anschließend die gelben Stellen aufgetupft. Die Farbstellung dieses Bildes erweckt den Eindruck eines Sonnenaufgangs.*

*Bestimmend sind hier der gelbe Sonnenfleck und das warme Rot für die Darstellung eines Sonnenuntergangs.*

*Hier ist die Strichführung des Pinsels für die leicht dramatische Wirkung des Himmels ausschlaggebend.*

# Techniken zur Ausarbeitung

Selten ist es möglich, Bilder nur in einer Technik des Aquarells zu malen, meist benötigt man weitere Techniken, um Formen zu festigen und Schwerpunkte zu setzen. Für die Naß-in-Naß-Technik bieten sich zur Ausarbeitung besonders die Auswaschtechnik, das Ritzen und der fragmentierende Pinselstrich an. Im folgenden werden Ihnen Techniken zur Akzentuierung und gestalterischen Abrundung eines Naß-in-Naß-Aquarells mit Übungen gezeigt.

*Bereits ein Tropfen sauberes Wasser auf sehr feuchtem Farbengrund ergibt große Strukturen und starke Pigmenthäufungen an den Rändern.*

## Auswaschtechnik

Als erstes möchte ich Ihnen die Auswaschtechnik vorstellen, die eine Nebentechnik des Aquarells ist und sich aus der Naß-in-Naß-Malerei entwickelt hat. Sie eignet sich durch ihre weiche Wirkung besonders gut, um Detaillierungen vorzunehmen.
Bei dieser Malart werden mit dem Pinsel und sauberem Wasser aus vorhandenen Farbflächen hellere Lichter, Konturen und Formen »ausgewaschen«. Dabei bleibt immer ein Hauch der vorher aufgetragenen Farbe zurück.
Für das Auswaschen sind einige Regeln zu beachten. Es gibt Farben, die sich leicht auswaschen lassen, nämlich alle Blau-, Blaugrün-, Braun, Violett- und kräftigen Rottöne. Etwas schwieriger gestaltet sich das Auswaschen bei Gelb-, Orange- und Gelbgrüntönen. Des weiteren spielen der Trocknungsgrad und die Intensität der Farbfläche eine große Rolle. Bei satter, dunkler und intensiver Farbgebung wirken ausgewaschene Flächen und Formen wesentlich besser, bei bereits stark verwässertem Farbauftrag dagegen können nur wenige Farbpigmente entfernt werden. Dies hat zur Folge, daß der für diese Technik typische Hell-Dunkel-Kontrast nicht entstehen kann und die ausgewaschenen Formen kaum sichtbar sind. Inwieweit der Trocknungsgrad der aufgetragenen Farben für die Wirkung dieser Nebentechnik eine Rolle spielt, sollen Ihnen die nachfolgenden Bildbeispiele aufzeigen.

Beim Aquarell links wurden auf noch sehr feuchte Farbflächen nur einige Tropfen sauberes Wasser gegeben. Da die Farbpigmente in diesem Stadium noch ihre Schwimmfähigkeit besitzen, werden sie von dem sauberen Wasser »vertrieben«. Dabei entstehen relativ große, schwer vorherzubestimmende Formen, an deren stark verzahnten Rändern sich die Farbe konzentriert.

Das Beispiel unten zeigt Auswaschungen, die im halbfeuchten Zustand der aufgetragenen Farben vorgenommen wurden. Es kommt hier zu leicht verschwommenen Konturen, die Formen geraten kleiner und sind leichter zu bestimmen. Auch hier entstehen Pigmenthäufungen, die aber nicht so stark ausgeprägt sind.

Den halbfeuchten Zustand erkennen Sie, indem Sie mit dem Finger kurz auf das Papier tupfen. Dieses sollte sich zwar noch feucht anfühlen, aber keine Farbpigmente mehr auf der Haut hinterlassen.

Für die Durchführung nehmen Sie sauberes Wasser auf Ihren Pinsel und malen die vorgesehenen Formen mit schnellen Strichen. Auch hier werden die Farbpigmente vertrieben, allerdings in formgebundener Weise, deren Ausmaß vorherzusagen ist.

Bei trockenem Papier bilden sich die ausgewaschenen Konturen etwas breiter als ursprünglich angelegt aus und verzahnen sich an den Rändern nur noch leicht. Die Formen sind genau vorherzubestimmen, und es entstehen klar umgrenzte Flächen und Linien, die einen leicht dunklen Rand besitzen (unten rechts).

Für den Arbeitsvorgang benötigen Sie sauberes Wasser und einen reinen, dünnen Pinsel. Mit sauberem Wasser, das Sie auf den Pinsel nehmen, nässen Sie die Kontur oder die Fläche, die ausgewaschen werden soll, an. Das Wasser muß kurz einwirken, um die bereits gesetzten Farbpigmente zu lösen. Mit dem sauberen und trockenen Pinsel saugen Sie anschließend die gelöste Farbe vorsichtig auf. Um den gewünschten Helligkeitsgrad der ausgewaschenen Formen zu erhalten, muß dieser Vorgang gegebenenfalls mehrfach wiederholt werden.

*links:*
*Beim Auswaschen im halbfeuchten Zustand der aufgetragenen Farben können die Formen bereits besser vorherbestimmt werden.*

*rechts:*
*Klare Formen sind bei Auswaschungen auf trockenem Farbgrund möglich.*

# Übung 3: Bäume im Nebel

Farben:
Ultramarinblau
Scharlachrot
Indischgelb
Rosa

Technik:
Naß-in-Naß-Technik
Auswaschtechnik

Bildformat:
26 x 25 cm

*unten links:*
*Die durch einige Tropfen Wasser entstandenen Strukturen werden erst nach Trocknung der Farben sichtbar.*

*unten rechts:*
*Mit feinem Pinsel werden die Baumstämme ausgewaschen.*

Da beim Auswaschen im sehr feuchten Zustand des Farbengrunds die Formen schwer vorherzubestimmen sind, wurde bei diesem Beispiel auf eine Bleistiftskizze verzichtet. Sie sollten lernen, die Formen zu akzeptieren und zu benützen, die durch die Eigenständigkeit der Aquarellfarbe entstehen. Dabei bietet es sich an, besonders schön verzahnte Stellen hervorzuheben und durch geringe Ausarbeitung zu verstärken. Wie dies geschehen kann, wird Ihnen nachfolgend Schritt für Schritt erklärt.

1 Auch beim Bildbeispiel unten links wird das Papier mit einer stark verdünnten Farblösung (Ultramarinblau) angefeuchtet. Des weiteren sind ein Grauton (Ultramarinblau, wenig Scharlachrot, eine Spur Indischgelb) sowie ein Orangeton (Indischgelb und Rosa), der sich auf dem Papier mit dem Grau zu einem Ockerton vermischt, zu verwenden.
Nässen Sie Ihr Papier mit dem leichten Blau gleichmäßig an. Auf den Rundpinsel der Größe 7 bis 9 nehmen sie dann stark konzentriertes Grau und tragen dieses mit schnellen, diagonalen Strichen im oberen Teil Ihres Blattes auf. Der Pinsel sollte jetzt nicht ausgewaschen Anschließend tauchen Sie ihn in sauberes Wasser und lassen dieses aufs Papier tropfen. Vertreiben Sie damit die Farben. Diese Wirkung ist nicht sofort sichtbar, sie entsteht erst nach und nach bei der Trocknung. Lassen Sie Ihr Bild waagrecht liegend bei Zimmertemperatur trocknen.
Da durch das Vertreiben die Formen schwer vorherzubestimmen sind, kann Ihr Bild andere Strukturierungen und Pigmenthäufungen als im abgebildeten Beispiel aufweisen. Daher wird bei den folgenden Detaillierungen jeweils nur die Vorgehensweise beschrieben, den jeweiligen Bildort, den diese einnehmen, müssen Sie selbst bestimmen. Dieses selbständige Erkennen, welche Stellen eines Bildes sich zum Ausarbeiten anbieten, ist ein wichtiger Lernschritt in der Aquarellmalerei.

2 Nehmen Sie sich ausreichend Zeit und betrachten Sie die auf Ihrem Bild entstandenen Formen und Strukturen eingehend. Wählen Sie für den Standort der Baumstämme eine Stelle, an der sich ausgeprägte Pigmenthäufungen befinden. Außerdem soll die darüber liegende Farbfläche noch ausreichend Intensität zum Auswaschen besitzen. Mit sauberem Wasser waschen Sie nun an der von Ihnen gewählten Stelle die Baumstämme aus, die anschließend trocknen müssen (unten rechts).

3 Mit dem bereits angemischten Grau und feinem Pinsel malen Sie abschließend noch feine Äste und Zweige, festigen mit wenigen Strichen die Baumstämme und betonen etwas dunkler die Astgabeln.
Nehmen Sie die Detaillierungen so sparsam wie möglich vor. Sie sollten gerade das richtige Maß besitzen, um die Formen erkennbar zu machen. Auf diese Weise bleibt der Gesamteindruck des Aquarells erhalten.

*Mit ähnlicher Farbe und feinem Pinselstrich sind die ausgewaschenen Baumstämme akzentuiert.*

# Übung 4:
# Toskanisches Gehöft

*Vor Ort entstand diese Skizze als Grundlage für das Bildthema.*

Bei diesem Aquarell werden unterschiedliche Arten der Auswaschtechnik im halbfeuchten bis trockenen Zustand mit fein detaillierten und flächigen Stellen erprobt. Um ein gutes Ergebnis zu erzielen, ist eine intensive Farbgebung nötig.

Die Skizze auf Seite 24 bestimmt die Form der Häuser und Bäume, die ausgewaschen werden sollen, und gleichzeitig deren Bildort.

1 Die intensiven und kräftigen Farbtöne sind notwendig, damit beim späteren Auswaschen ein Hell-Dunkel-Kontrast entstehen kann. Verwendet wurden alle für dieses Buch vorgeschlagenen sechs Farbtöne. Grün und Orangewerte sind Mischungsresultate. Nässen Sie Ihr Blatt mit klarem Wasser und tragen Sie die Farben, wie im Beispiel gezeigt, so satt wie möglich auf. Dabei können Sie feststellen, daß satt angemischte Farben, die viele Farbpigmente und wenig Wasser enthalten, träge sind. Das bedeutet, sie fließen nicht weit aus und verzahnen sich wenig.

2 Die Zypressen (vgl. unten rechts) sind im noch halbfeuchten Zustand auszuwaschen, während die aufgetragenen Farben für das Auswaschen der Häuser, der Mauer und des Torbogens sowie der dahinterliegenden Baumstämme bereits trocken sein müssen. Bei diesem Beispiel sind auch flächige Partien auszuwaschen. Die dabei zurückbleibenden Farbreste ergeben interessante Effekte.

3 Erst nach Trocknung der ausgewaschenen Formen erfolgt die Detaillierung mit dem feinen Pinsel. Benützen Sie für die Ausarbeitung Farbtöne, die sich in unmittelbarer Umgebung der Bildgegenstände befinden, d.h. ein dunkles Grün für die Zypressen, Rot- und Orangetöne für die Häuser und die Mauer. Gehen Sie behutsam vor und festigen Sie die Formen nur dort, wo es notwendig erscheint.

Farben:
Coelinblau
Ultramarinblau
Scharlachrot
Rosa
Indischgelb
Zitronengelb

Technik:
Naß-in-Naß-Technik
Auswaschtechnik

Bildformat:
22 x 29 cm

*links:*
*Für das spätere Auswaschen ist eine intensive Farbgebung wichtig.*

*rechts:*
*Interessante Effekte ergeben die beim Auswaschen zurückbleibenden Farbreste.*

*Dieser Ausschnitt zeigt die unterschiedliche Art der Detaillierungen, die einmal mehr zeichnerisch, zum anderen in lasierenden Flächen erfolgen sollten.*

*rechts:*
*Der jeweilig zu verwendende Farbton für die Detaillierungen wird durch die Umgebungsfarbe bestimmt.*

# Ritzen

Wie bereits eingangs erwähnt, unterliegen die Farbpigmente im nassen und feuchten Zustand der Schwerkraft. Das bedeutet gleichzeitig auch, daß sie sich in Vertiefungen Ihres Papiers sammeln. Diese Wirkung kann man sich bei der Naß-in-Naß-Technik gestalterisch zunutze machen.

Bei diesem Übungsbeispiel wurden mit der Spitze des Pinselstiels formgebende Vertiefungen geschaffen. Sie sollten dabei den Pinselstiel wie ein Zeichengerät, wie einen Bleistift, und mit leichtem Druck handhaben. Diese Technik nennt man das *Ritzen*. In den eingeritzten Vertiefungen sammeln sich bei noch sehr feuchten Farben die umgebenden Farbpigmente, häufen sich und ergeben dunklere, aus den Umgebungsfarben bestehende Mischresultate. Bei bereits leicht getrockneten Farben – sie dürfen allerdings noch nicht vollkommen trocken sein – werden durch das Ritzen die schon leicht abgesetzten Pigmente wieder entfernt, und es entstehen helle Striche auf dem Aquarell (siehe die Gräser im rechten Bildteil unten sowie der zweite Baum links).

Nässen Sie Ihr Papier und tragen Sie beliebige Farben auf, die sich teilweise miteinander verbinden sollten. Benützen Sie für das Ritzen einen dünnen Pinselstiel und zeichnen Sie mit leichtem Druck in die noch feuchten Farben die Baumstämme und Äste. Die Wirkung des Ritzens ist nicht sofort sichtbar, da es einige Zeit dauert, bis sich die Farben in den Vertiefungen angesammelt haben. Warten Sie, bis Ihre Farben halbtrocken sind. Wenn Sie jetzt ritzen, werden sie zum Teil wieder entfernt, und es entstehen helle Stellen, wie sie bei den Gräsern und dem zweiten Baum von links sichtbar sind.

Sie sollten die Ritztechnik jedoch nur für die Gestaltung kleinerer Objekte, wie z. B. weit entfernter Baumstämme, benutzen. Bei größeren Darstellungen wirkt sie schnell grob und ist daher weniger geeignet.

*Je nach Feuchtigkeitsgrad der aufgetragenen Farben kommt es beim Ritzen zu unterschiedlichen Ergebnissen.*

Auch diese Winterlandschaft können Sie Schritt für Schritt nacharbeiten (vgl. Seiten 32/33). Das fertige Bild enthält ein gestalterisches Merkmal, das ich Ihnen gerne eingangs aufzeigen möchte.
Der Hintergrund ist sehr farbkräftig in Naß-in-Naß-Technik gemalt und bildet ein geschlossenes Farbfeld. Diesem steht ein sehr heller, dafür aber reich strukturierter Vordergrund gegenüber. Das Zusammenspiel von geschlossenen Farbfeldern und mehr zeichnerisch strukturierten Teilen nennt man den *Flächen-Struktur-Kontrast*. Dabei treten Flächen zurück, strukturierte Teile rücken dagegen nach vorn. Hier ermöglicht dieser Kontrast ein reizvolles Zusammenspiel des farbkräftigen Hintergrundes mit dem hellen, leichten Vordergrund.

Um mit Farben im Bild eine Tiefenwirkung zu erzielen, muß man wissen, daß dunkle, intensive und warme Farben nach vorne kommen, während helle, stumpfe und kühle zurücktreten. Bei diesem Bild mußte also für denselben Zweck zu anderen gestalterischen Mitteln gegriffen werden. Die Anwendung des Flächen-Struktur-Kontrastes, nach dessen Prinzip Fläche und geschlossene Farbfelder zurücktreten, strukturierte Teile nach vorne kommen, gab hier die Möglichkeit, das Gleichgewicht des Bildes zu erhalten, ja sogar noch eine leichte Tiefenwirkung zu erzielen.

Auch hier dient die Skizze wieder als Orientierungshilfe für den Bildort und die Form der darzustellenden Objekte beim Malen.

# Übung 5: Winterliche Landschaft

*Bereits die Skizze zeigt die Wirkung des Flächen-Struktur-Kontrastes.*

Farben:
Coelinblau
Ultramarinblau
Indischgelb
Rosa

Technik:
Naß-in-Naß-Technik
Ritzen

Bildformat:
30 x 20 cm

1 (Abbildung Seite 31, oben): Sie benötigen folgende Farben: Für den Himmel eine Mischung aus Coelinblau und Ultramarinblau, die sehr farbkräftig sein sollte, für die Baumgruppe Indischgelb, Ultramarinblau und Rosa.
Mit einem möglichst geraden waagrechten Bleistiftstrich legen Sie zunächst die Horizontlinie fest, auf der sich die Bäume befinden. Feuchten Sie die obere Blatthälfte bis zur Horizontlinie gleichmäßig an. Mit dem Flachpinsel tragen Sie nun in waagrechten Pinselstrichen das angemischte, mit wenig Wasser verdünnte Blau auf. Anschließend nehmen Sie sehr sattes Indischgelb und Ultramarinblau auf den Rundpinsel und malen in die feuchte Farbfläche die Baumgruppe – und zwar mit formgebundenen Pinselstrichen (s. Seite 9 und 15). Setzen Sie dabei den Pinsel direkt an der Horizontlinie an und geben Sie im rechten äußeren Teil noch stark verwässertes Rosa hinzu.

2 Nun waschen Sie den Rundpinsel gründlich aus und tauchen ihn in sauberes Wasser. Setzen Sie den sehr nassen Pinsel am unteren Teil der Horizontlinie im Bereich der noch nassen Farben an und ziehen Sie diese mit diagonalen Strichen nach unten. Die Farbe des Hintergrundes »springt« in die mit dem Pinsel angefeuchteten Bildpartien »über« (vgl. Abbildung rechts unten). Dazwischen sollten Sie weiße, trockene Stellen stehenlassen. Dieses Verziehen der Farbe mit Wasser nennt man Lavieren.

3 (Abbildung Seiten 32/33): Um die Farben noch stärker in den Vordergrund fließen zu lassen, neigen Sie Ihr Blatt leicht nach unten und geben mit der Pinselspitze noch zusätzliche Farbpigmente in Indischgelb und Blau an den oberen Rand der durch das Lavieren entstandenen Flächen. So vermischen sich die Farben und ergeben teilweise Grüntöne.
Der Hintergrund ist in der Zwischenzeit so weit angetrocknet, daß er nur noch leicht feucht ist. Dadurch können Sie nun mit dem Pinselstiel die hellen Baumstämme ritzen. Teilweise entfernen Sie so die Farbe wie auf Seite 28 beschrieben, teils treffen Sie vielleicht auf noch feuchtere Stellen, und die Farbpigmente fließen in die Vertiefungen.
Bevor Sie weiterarbeiten, müssen die Farben in Ihrem Bild vollständig trocken werden. Zur Strukturierung des Vordergrunds benötigen Sie dann einen stumpfen Blaugrauton sowie ein dunkles Olivgrün. Den Blaugrauton mischen Sie aus Ultramarinblau, Rosa und einer winzigen Spur Indischgelb, den Olivton aus Indischgelb, Coelinblau und einer winzigen Spur Rosa. Mit einem Rundpinsel, der über eine ausgezeichnete Spitze verfügt, malen Sie jetzt mit zeichnerischen Pinselstrichen die Steine im Vordergrund. Diese zeichnerische Pinselarbeit wird als *fragmentierender Pinselstrich* bezeichnet, den ich im nächsten Übungsbeispiel (s. Seite 34ff.) gründlich erläutern werde.

Betrachten Sie Ihr Bild aus einigem Abstand und nehmen Sie gegebenenfalls noch vorsichtig Änderungen vor, die sich aber auf den Vordergrund beschränken sollten, damit die Wirkung der Naß-in-Naß-Technik im Hintergrund nicht zerstört wird.

*rechte Seite, oben:*
*Für den Hintergrund ist eine intensive Farbgebung notwendig.*

*rechte Seite, unten:*
*Die noch feuchte Farbe des Hintergrunds wird mit dem Pinsel und Wasser in den Vordergrund gezogen.*

*Seiten 32/33:*
*Durch das Ritzen im halbfeuchten Zustand werden bei den Baumstämmen und Ästen die Farbpigmente entfernt.*

*Horizont*

# Fragmentierender Pinselstrich

Als »fragmentierenden Pinselstrich« bezeichnet man in der Malerei Pinselzeichnungen, bei denen der Strich abwechselnd dünn und breit erscheint und/oder teilweise aussetzt (hier erklärt sich die Bezeichnung »fragmentierend« = bruchstückhaft, unvollendet, unvollständig). Solche Striche sollten einen Gegenstand niemals einrahmen, sondern gerade das Maß besitzen, das notwendig ist, um die Form zu festigen und zu vertiefen. Der Strich kann sich innerhalb, aber auch außerhalb von Farbflächen befinden. Gerade bei der Naß-in-Naß-Technik eignet sich der fragmentierende Pinselstrich hervorragend dazu, Bilder auszuarbeiten und zu akzentuieren. Er erfordert allerdings einiges Gefühl und sehr viel Übung. Die nachfolgenden Bildbeispiele und Übungen zeigen Ihnen an unterschiedlichen Gegenständen, wie dieser Strich zur Ausarbeitung bei der Naß-in-Naß-Technik eingesetzt werden kann.

## VORÜBUNGEN

### Apfel

Versuchen Sie als erstes einen Apfel darzustellen. Zeichnen Sie dazu mit Bleistift zunächst die Umrißlinie des Apfels auf. Dann nässen Sie Ihr Papier mit sauberem Wasser gründlich an. Nehmen Sie in ausreichender Menge geeignete Farbtöne auf den Pinsel und malen Sie den Apfel mit raschen, leichten Pinselstrichen, die der Form des Gegenstandes entsprechen sollten. Setzen Sie Ihren Pinsel dabei innerhalb der mit Bleistift gezeichneten Umrißlinien an, da sich die Farbe ausbreitet und der Gegenstand dadurch größer wird. Lassen Sie die Farben ausblühen und langsam trocknen (s. Abbildung A). Abbildung B zeigt den fertigen Gegenstand.

Benützen Sie für die Ausarbeitung mit dem fragmentierenden Pinselstrich verwandte Farben, d. h. für den Apfel Rot- und Orangetöne, für den Stiel einen Braunton.

Empfehlenswert ist ein Pinsel der Größe 7 bis 9. Dieser sollte allerdings über eine gute Spitze verfügen, so daß es Ihnen auch möglich ist, dünne Linien und Striche zu malen. Mit dem stärkeren Pinsel können Sie ausreichend Farbe aufnehmen und über einen längeren Zeitraum hinweg damit malen. Ein sehr feiner Pinsel hingegen nimmt wesentlich weniger Farbe auf und muß immer wieder eingetaucht werden. Dieses ständige Eintauchen in die Farbe hemmt die Spontaneität des Pinselstrichs und unterbricht ihn.

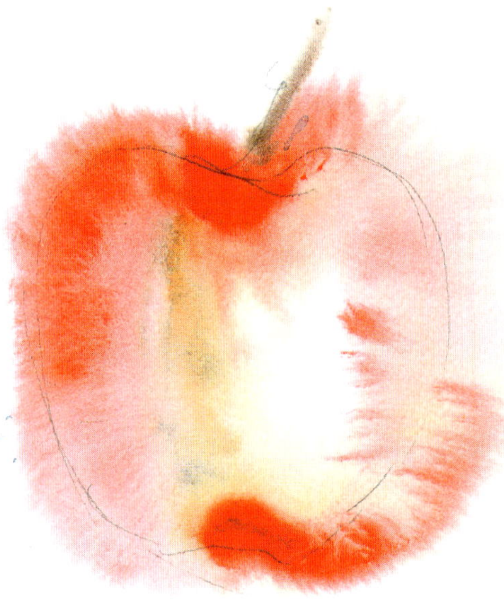

A

B

*Fragmentierende Pinselstriche, Farbpunkte und lasierende Flächen formen den Apfel.*

Für feine Linien sollten Sie die Pinselspitze mit wenig Druck über das Papier gleichen lassen, bei mehr Druck wird der Strich breiter. Üben Sie diese Bewegung und versuchen Sie in einem Schwung Pinselstriche zu malen, die einmal dünner und einmal breiter ausfallen.

Versuchen Sie nun den Apfel zu »festigen« und dabei gerade das notwendige Maß in der Ausarbeitung zu erreichen. Für diese Ausarbeitung können auch punktförmige Striche oder sogar lasierende Flächen notwendig sein. Deutlich sichtbar ist das Aussetzen des Pinselstrichs am Stiel des Apfels.

Betrachten Sie Ihr Bild immer wieder aus einigem Abstand, damit Sie erkennen können, ob es Ihnen bereits gelungen ist, die Form des Apfels herauszuarbeiten. Versuchen Sie dies mit möglichst geringem Einsatz an Mitteln, denn schnell ist ein schöner, nasser Hintergrund »zugemalt«.

**Ast**

Zur weiteren Übung ein Ast mit Blättern, den Sie mit wenigen Bleistiftstrichen vorskizzieren sollten. In unterschiedlichen Blaugrün-, Grün- und Gelbgrüntönen malen Sie naß-in-naß die Blätter. Ebenfalls unterschiedliche Brauntöne deuten den Ast an.

In den ausgearbeiteten Partien dieses Beispiels ist zu erkennen, wie sparsam der fragmentierende Pinselstrich eingesetzt werden kann. Dennoch scheinen Blätter und Ast in ihrer Form vollständig zu sein. Der Grund dafür ist das menschliche Auge, das die Fähigkeit besitzt, unterbrochene Striche fortzuführen und als Ganzes zu sehen.

Beim oberen Blatt wurde u. a. ein kräftiges Blau zur Ausarbeitung verwendet. Es entsteht ein sogenannter weicher Farbkontrast, da das Blattgrün mit Blau verwandt ist.

*Die Ausarbeitung ist auf das notwendigste Maß reduziert.*

*oben:*
*Naß-in-Naß-Technik in zwei Phasen (A) plus Ausarbeitung in fragmentierendem Pinselstrich (B).*

*unten:*
*Feine Pinselstriche formen Äste und Zweige.*

## Iris

Hier ist die Naß-in-Naß-Technik in zwei Phasen ausgeführt. Als erstes werden die helleren Farben angesetzt, die stark ausblühen. Dann sollten Sie einige Zeit warten, bis die Flächen etwas angetrocknet sind, sich also noch im halbfeuchten Zustand befinden. Ist dies der Fall, malen Sie mit satten Farben die dunkleren und intensiv gefärbten Teile der Blüte und der Blätter. Diese fließen nicht mehr so weit aus.
Mit dieser Zwei-Phasen-Technik können Sie bereits im nassen Bereich Akzente setzen. Schon Abbildung A könnte das fertige Aquarell sein.

## Bäume

Zur Darstellung der Baumgruppe in der nächsten Übung ist eine Skizze nicht unbedingt notwendig. Nässen Sie Ihr Papier mit stark verdünntem Blau, nicht mit Wasser. Zuerst malen Sie dann mit formgebundenen, breiten Pinselstrichen das Laub der Bäume und die Flächen im Vordergrund. Anschließend setzen Sie mit einem feinen Pinsel die Baumstämme und Äste in Braun auf die noch nasse Farbe. Nach Trocknung der Farben sollten Sie behutsam und mit möglichst wenig Pinselstrichen die Baumstämme, Äste und das Laub ausarbeiten.

Um Stimmungen aufzuzeigen, ist gerade die Naß-in-Naß-Technik hervorragend geeignet. Die Darstellung einer Impression, der Empfindung beim Betrachten eines Gegenstandes, ist ein oft praktiziertes Sujet in der Malerei. Diese Flockenblumen vermitteln solche Empfindungen, das Gefühl eines erwachenden, schönen Tages. Noch ist die Feuchtigkeit der Nacht zu spüren, und die ersten Sonnenstrahlen lassen die Tautropfen im Dunst vergehen ...

Momentane Eindrücke wiederzugeben, die gleichen Empfindungen beim Betrachter zu erwecken, erfordert einige Übung. Vielleicht ermöglicht Ihnen eine Analyse des fertigen Aquarells auf Seite 39 einen leichteren Zugang zu dieser Art der Darstellung zu finden. Eine große Rolle spielen dabei die Wahl der Farben und der Maltechnik.

Das Verschwommene der Naß-in-Naß-Technik, das sparsame Auftauchen von Detaillierungen vermitteln das Dunstige des Morgens. Gelbe Farbflecke suggerieren die Sonne und die zu ahnende Wärme des kommenden Tages. Sparsam eingesetzte Mittel, die aber ihre Wirkung zeigen.

Ich empfehle Ihnen, diese Bleistiftskizze nachzuarbeiten, denn dadurch bekommen Sie das Gefühl für die Form der einzelnen Blüten. Da die Naß-in-Naß-Technik ein rasches Arbeiten und damit eine verhältnismäßig rasche Wiedergabe dieser unterschiedlichen Formen erfordert, sollten Sie sie bereits vorher verinnerlicht haben. Dieses In-sich-Aufnehmen und rasche Wiedergeben der jeweiligen Formen kann durch Skizzieren gut geübt werden.

# Übung 6: Duftige Flockenblumen

Farben:
Ultramarinblau
Indischgelb
Coelinblau
Rosa

Technik:
Naß-in-Naß-Technik
Fragmentierender Pinselstrich

Bildformat:
27 x 32 cm

*Unterschiedliche Blütenstadien zeigen den Kreislauf der Natur.*

*rechts:*
*Mit dem Flachpinsel werden die Farben in diagonal aufstrebenden Strichen für den Hintergrund aufgetragen.*

*unten:*
*Das Rotviolett der Flockenblumen verbindet sich mit den Farben des Hintergrunds zu teilweise neuen Mischtönen.*

*Seite 39:*
*Äußerst sparsame Ausarbeitungen verstärken die Impression des Bildes.*

1 Folgende Farben sollten Sie sich bereitlegen bzw. anmischen: Ultramarinblau, Indischgelb, Blaugrün (Mischung aus Coelinblau und Indischgelb) und für die Blüten Rotviolett (Rosa und Ultramarinblau).
Nässen Sie mit dem Flachpinsel und sauberem Wasser Ihr Papier gründlich an und massieren Sie das Wasser ein. Den Hintergrund können Sie aufgrund der verhältnismäßig großen Fläche ebenfalls mit dem Flachpinsel malen. Beginnen Sie mit Indischgelb im unteren mittleren Bildteil und ziehen Sie die Farbe mit diagonalen Strichen nach oben. Dann waschen Sie den Pinsel aus, nehmen Ultramarinblau auf und verfahren damit in der gleichen Weise. Dadurch vermischen sich die Farben teilweise auf Ihrem Papier. Setzen Sie nun das Blaugrün und lassen Sie die Farben überspringen.
Achten Sie darauf, daß die Töne nach oben hin heller werden. Dies erreichen Sie, indem Sie sauberes Wasser auf den Pinsel nehmen und die Farben nach und nach verdünnen.

2 Mit dem Rundpinsel der Größe 7 bis 9 malen Sie auf den noch feuchten Farbengrund die unterschiedlichen Formen der Blüten in Rotviolett, das Sie etwas farbintensiver verwenden sollten. Geben Sie in die Blüte teilweise noch Tupfen in Ultramarinblau und Gelb. Sie sollten zügig arbeiten, da anschließend im noch halbfeuchten Zustand an einigen Stellen ausgewaschen werden muß. Den Bildort, die Form und die Größe der Blüten können Sie mit Hilfe der Skizze bestimmen.

3 Mit sauberem Wasser werden jetzt Teile der vollerblühten Blumen im halbfeuchten Zustand ausgewaschen. Nach und nach trocknen die Farben auf Ihrem Bild, und so haben Sie Gelegenheit, auch klare Formen in den Knospen und einzelnen Blüten auszuwaschen. Lassen Sie Ihr Bild danach vollständig trocken werden.
Für die Detaillierungen benötigen Sie ein dunkles Rotviolett, das Sie aus Rosa, Ultramarinblau und einer Spur Indischgelb erhalten. Gehen Sie bei der Ausarbeitung behutsam vor, malen Sie mit fragmentierenden Pinselstrichen. Die beiden unteren Blüten sollten Sie etwas genauer akzentuieren, um damit Vorder- und Hintergrund im Bild deutlich zu machen (s. auch Flächen-Struktur-Kontrast Seite 29ff.).

# Wege zur Eigenständigkeit

Die vorhergehenden Kapitel dieses Buches vermittelten Ihnen bereits einen handwerklichen Grundstock für die Naß-in-Naß-Malerei und die unterschiedlichen Ausarbeitungsmöglichkeiten. Um das bereits Erlernte zu vertiefen und einen Schritt weiter zur Gestaltung von eigenständigen Bildern unterschiedlicher Thematik zu gehen, werden für die folgenden vier Bilder nicht mehr genaue Schritt-für-Schritt-Beschreibungen gegeben. Sie sollten versuchen, die Bilder zu analysieren und deren folgerichtigen Arbeitsablauf nun selbst zu bestimmen.

Um Ihnen dies aber etwas zu erleichtern, werden einzelne Merkmale genauer aufgezeigt und zur besseren Betrachtung teilweise in Ausschnittvergrößerungen dargestellt. Sie sollten versuchen, die Farben und die Technik, mit der die unterschiedlichen Gegenstände dargestellt sind, zu bestimmen und diese eigenständig nachzuarbeiten. Sicherlich ist dies mit etwas Mühe verbunden, aber der Erfolg wird Sie dafür entschädigen. Die Bildanalyse und der Versuch, die Gegenstände jeweils folgerichtig zu malen, geben Ihnen außerdem die Möglichkeit, zu erkennen, welche Arten der Naß-in-Naß-Malerei Sie bereits sehr gut beherrschen und wo gegebenenfalls noch Übung erforderlich ist.

*Die Frühlingsstimmung ist durch entsprechende Farbgebung erreicht.*

# Übung 7: Frühlingslandschaft

Ein Hochmoor im Allgäu zur Frühlingszeit. Die Berge sind im Hintergrund nur schemenhaft angedeutet und gerade noch zu erahnen. Beachten Sie die unterschiedlichen Bildebenen der Bäume im Mittelgrund und die Impression von Feuchtigkeit bei den Wiesen im Vordergrund. Versuchen Sie auch, die für dieses Bild verwendeten Grundfarben zu bestimmen. Zur Hilfestellung sei gesagt, daß ein Blau-, zwei Gelb- und ein Rotton benutzt wurden. Versuchen Sie, die notwendigen Farbmischungen möglichst genau zu erzielen.

Die Skizze zeigt die Aufteilung des Bildes und bestimmt die Bildorte, die die einzelnen Gegenstände einnehmen.

Bei der Baumgruppe im linken Bildteil sollten Sie Ihr Augenmerk auf die Kontrastwirkung der gelben Stellen unterhalb der Bäume und auf die mit dem Hintergrund verwandte Farbgebung der Baumstämme legen. Beachten Sie auch den durch Vertreibung (s. Seite 20) entstandenen stark strukturierten Rand unterhalb der Bäume.

Das wichtigste Merkmal im rechten Bildbereich ist sicherlich die Kontrastwirkung der dunklen Baumstämme vor dem gelben Hintergrund. Sie bewirkt, daß die Baumgruppe dem Betrachter näher zu sein scheint. Beim Vergleich der beiden Ausschnitte wird dies noch deutlicher.

*Mit der Skizze wird die Bildkomposition festgelegt.*

*Die starken Verzahnungen und Pigmenthäufungen im Mittelfeld entstanden durch Lavieren.*

*Dunkle Baumstämme vor gelbem Hintergrund ergeben einen reizvollen Kontrast.*

# Übung 8: Johannisbeeren

*Mit seinem leicht verschwommenen Hintergrund bietet sich dieses Foto geradezu für eine Umsetzung in Naß-in-Naß-Technik an.*

*Der Komplementärkontrast Rot/Grün bestimmt die Farbgebung dieses Bildes.*

Auch nach Fotos zu malen, ist eine Möglichkeit. Ich halte es allerdings für die bessere Methode, Fotografien nur als zusätzliche Gedächtnisstütze zu verwenden. Meiner Überzeugung nach hängt das gute Ergebnis eines Aquarells auch davon ab, daß man die dargestellten Objekte selbst kennt und weiß, wie sie sich anfühlen, wie sie riechen, ja sogar wie sie schmecken. Nur mit diesem Wissen und diesen Erfahrungen kann es gelingen, eine gefühlvolle Darstellung zu erreichen und mit malerischen Mitteln die Beschaffenheit der darzustellenden Gegenstände wiederzugeben.

Für eine Umsetzung des Fotos ins Aquarell versuchen Sie als erstes, die abgebildeten Farben von Hintergrund, Blättern, Ast und Beeren zu bestimmen und auf einem gesonderten Blatt die erforderlichen Farbmischungen zu erproben. Der starke Ast bildet eine Diagonale, die durch das Bild geht. Fragmentierende Pinselstriche festigen dort, wo es notwendig erscheint.

*Teilweise wurde die Form der Johannisbeeren durch Lasuren zusätzlich gefestigt.*

# Übung 9: Altwasser

Die herbstliche Stimmung dieses Bildes wird vor allem durch die Farbwahl vermittelt. Durch die Naß in Naß-Technik, mit der sich Dunst und Nebelschleier hervorragend darstellen lassen, wird dieser Eindruck noch verstärkt. Wildwachsende Bäume stehen an einem vielfältig gegliederten Uferrand. Ihre Kronen wölben sich wie ein Dach über das Wasser.

*Dieser Bildausschnitt zeigt, wie Strukturen, die durch die Naß-in-Naß-Technik entstanden sind, geschickt ausgenützt werden können. Es genügen wenige Pinselstriche in der richtigen Form, um diese hervorzuheben und z. B. aus Pigmenthäufungen Laubwerk entstehen zu lassen.*

*Doppelseitige Abbildung: Wasserfläche und Landpartien werden in zwei verschiedenen Arbeitsgängen angelegt.*

**Detail (unten):**
*In diesem Bereich des Bildes fließen die Farben weich ineinander, es entstanden keine ausgeprägten Ränder. Um den dunstigen Charakter zu verstärken und leichte Nebelschleier darzustellen, sind die Baumstämme und Äste fragmentierend gemalt und verschwinden zum Teil völlig.*

Alle in diesem Aquarell verwendeten Farbtöne sind Mischungen aus Ultramarinblau, Indischgelb und Rosa. Um die klare Trennung zwischen Land und Wasser zu erzielen, muß die Naß-in-Naß-Technik in zwei Schritten angewandt werden. Im ersten Schritt darf das Papier nur bis an den Uferrand genäßt werden, die Wasserfläche wird ausgespart und bleibt vorerst trocken. Tragen Sie dann die herbstlichen Farben für das Laub der Bäume auf und achten Sie dabei auf die unterschiedliche Strichführung des Pinsels. Detaillierungen wie Baumstämme und Äste werden erst später vorgenommen.
Erst nach Trocknung der für die Bäume verwendeten Farben können Sie den Bereich der Wasserfläche anfeuchten. Um eine Wasserfläche darzustellen ist es notwendig, mit möglichst waagrechten Pinselstrichen zu arbeiten. Sie werden hier von außen nach innen angelegt, um den Übergang zu dem hellen Fleck etwa in der Bildmitte zu vereinfachen.

# Mischtechniken

## Naß-in-Naß-Technik und Salz

**Salz besitzt hygroskopische Eigenschaft, d.h. es zieht rasch Wasser an und bindet es. Wenn Sie einen Salzbehälter längere Zeit offen stehen lassen, nimmt das Salz selbst geringe Luftfeuchtigkeit auf, es klumpt und ist nicht mehr streufähig. Diese Eigenschaft kann man sich in der Naß-in-Naß-Malerei zunutze machen.**

Streut man Salzkörner auf einen noch nassen oder feuchten Farbengrund, so saugen diese die Feuchtigkeit und mit ihr die noch schwimmfähigen Farbpigmente auf. Dadurch entstehen helle, fast weiße Strukturen, die an Eisblumen am Fenster und Eiskristalle erinnern. Die Größe der Strukturen ist vom Feuchtigkeitsgrad der aufgetragenen Farbe abhängig. Bei sehr nassem Farbengrund entstehen großflächige Strukturen mit stark gezahnten Rändern, bei nur noch feuchten Farben bilden sich deutliche Kristalle von geringer Ausdehnung.

Richtig eingesetzt, bietet diese Mischtechnik interessante Gestaltungsmöglichkeiten. Sie können dafür ohne weiteres handelsübliches Haushaltssalz verwenden. Grobkörniges Salz ergibt gröbere Strukturen, bei Verwendung von Streusalz ist allerdings Vorsicht geboten, da dieses aus Sicherheitsgründen meist eingefärbt ist und Farbe abgeben kann. Achten Sie darauf, daß das Salz auf Ihrem Papier nicht bewegt wird und erst entfernt werden sollte, wenn es sich vom Bildgrund abpusten läßt. Es muß mit längeren Trocknungszeiten gerechnet werden.

Der Feuchtigkeitsgrad der aufgetragenen Farben bestimmt die unterschiedliche Wirkung und Größe der Strukturen, die durch Aufstreuen von Salz entstehen können. Im unteren Teil (A) waren die Farben noch sehr naß – hier bildeten sich großflächige Formen mit stark ausgeprägten Rändern. Im oberen Bereich hingegen (B) war der Farbengrund nur noch feucht, und es entstanden deutlich ausgeprägte, kristalline Formen. Die jeweilige Wirkung ist erst nach Trocknung der aufgestreuten Salzkörner erkennbar.

*Je nach Feuchtigkeitsgrad der aufgetragenen Farben entstehen durch Aufstreuen von Salz unterschiedliche Strukturen.*

# Übung 10: Stilleben mit Äpfeln

Der Begriff »Stilleben« kommt vom niederländischen »stilleven« und bedeutet »stilles Leben«, d. h. die bildliche Darstellung von Gegenständen bzw. reglosen Dingen in einem klaren Bildaufbau.

Für die Komposition dieses Übungsbeispiels sind die harmonischen Maßverhältnisse des Goldenen Schnitts in der Senkrechten wie in der Waagrechten angewandt. Durch diese Maßverhältnisse wurde die Weinflasche plaziert und gleichzeitig die Höhendifferenz zwischen Flasche und Steinguttopf festgelegt.
Grundsätzlich sollten Sie sich für den Bildaufbau eines Stillebens folgende Kriterien setzen: Um Symmetrie zu vermeiden, empfiehlt sich eine ungerade Anzahl der darzustellenden Gegenstände. Außerdem sind für die klassische Anordnung mindestens ein hoher, ein flacher und ein runder Gegenstand erforderlich.

Bei dieser Zusammenstellung sind die genannten Voraussetzungen erfüllt: die Weinflasche – der hohe Gegenstand, der Steinguttopf als runder Gegenstand. Die dicht beieinander liegenden Äpfel können als ein Objekt betrachtet werden und bilden das flache Element.
Beim Malen dieses Stillebens sollten Sie nun versuchen, die Darstellung der starren Objekte mit den nicht formgebundenen lebendigen Strukturen der Salztechnik in ein reizvolles Zusammenspiel zu bringen.

*Der Goldene Schnitt ermöglicht eine harmonische Bildaufteilung*

*In zwei Phasen wird naß-in-naß aquarelliert und Salz aufgestreut.*

*Seite 53:*
*Die Farben Gelbgrün, Rotviolett und Blaugrün bilden einen harmonischen Dreiklang.*

Farben:
Indischgelb
Rosa
Coelinblau
Scharlachrot

Technik:
Naß-in-Naß-Technik
Salztechnik
Lasurtechnik
Negativlasur

Bildformat:
33 x 34 cm

1 Bereiten Sie folgende Farben vor: für den Hintergrund Orange (Indischgelb und Rosa) und Blaugrün (Coelinblau und Indischgelb), für die Äpfel im Vordergrund unterschiedliche Gelb-, Orange- Rotorange- und Rottöne (jeweils aus Indischgelb, Rosa und Scharlachrot). Außerdem benötigen Sie gewöhnliches Haushaltssalz. Skizzieren Sie mit Bleistift die Umrisse der Gegenstände vor. Dann nässen Sie Ihr Papier und tragen mit dem Flachpinsel und senkrechten Strichen die Farben für den Hintergrund auf. Mit dem Rundpinsel und formgebender Pinselführung malen Sie einzelne kräftige Stellen für die Äpfel in unterschiedlichen Orange- und Rottönen.
Streuen Sie an einigen Stellen Ihres Bildes Salz auf die noch sehr nassen Farben. Nun müssen Sie einige Zeit warten, bis die Farben nur noch halbfeucht sind. Mit einem feinen Pinsel und fragmentierenden Pinselstrichen legen Sie darauf in Rotviolett (Rosa und Coelinblau) bereits einige festigende Detaillierungen an (Naß-in-Naß-Technik in zwei Phasen, Seite 36). Durch erneutes Aufstreuen von Salz in diesem halbfeuchten Zustand erzielen Sie die unterschiedlichen Strukturen.
Lassen Sie Ihr Bild trocknen. Dies kann unter Umständen einen längeren Zeitraum in Anspruch nehmen.

2 Erst nach vollständiger Trocknung können Sie die Salzkörner abpusten. Jetzt werden auch die Strukturen sichtbar, die durch die Salztechnik entstanden sind.
Im nächsten Schritt erfolgt die Detaillierung und Ausarbeitung der Gegenstände mit fragmentierenden Pinselstrichen und teilweise auch mit formgebundenen Lasuren. Arbeiten Sie nach und nach – mit Rotviolett und Blaugrün für Flasche und Topf, Rosa und Rotorange für die Äpfel – die Gegenstände aus. Mit einigen Pinselstrichen in Blaugrün deuten Sie ein Tuch im Vordergrund an. Das Etikett der Flasche mit Schrift ist in Negativlasur gestaltet, d. h. durch Aussparen von weißen oder hellen Formen im Bild. Das bedeutet in diesem Fall, daß um die Schrift herum Farben aufgetragen werden müssen, um diese deutlich hervortreten zu lassen.

VIN
NTO

*links:*
*Die Wirkung von Tusche auf nassem und trockenem Malgrund. Auf feuchtem Papier ergibt sich ein ähnliches Ausblühen wie bei Aquarellfarben.*

*rechts:*
*Hier ist der Malgrund teilweise mit Farbe angefeuchtet. Die ausgeflossene Tusche legt sich partiell wie ein Grauschleier auf die Farben des Untergrunds.*

# Naß-in-Naß-Technik und Tusche

Tusche besitzt eine ähnliche Eigenschaft wie Aquarellfarben: Trägt man sie auf nassen Malgrund auf, fließt sie aus und verzahnt sich. Kombinationen der Naß-in-Naß-Technik mit Tusche können interessante Bilder ergeben, und vielleicht eröffnet Ihnen diese Mischtechnik den Weg zu neuen Ideen und Darstellungen. Wichtig erscheint mir, daß Sie dabei ungezwungen und spontan vorgehen und bei den bildlichen Darstellungen, die Sie mit Tusche vornehmen, ein freies Formengefühl entwickeln. Sie sollten ähnlich arbeiten wie beim fragmentierenden Pinselstrich und vermeiden, daß eine allzu genaue Tuschezeichnung entsteht. Kaufen Sie wasserfeste Tusche, die nach Trocknung nicht mehr mit Wasser gelöst werden kann. Dies ist bei der Ausarbeitung der Bilder besonders wichtig, denn mit wasserfester Tusche ist es möglich, weitere Farbschichten aufzutragen, ohne daß die darunterliegende Tuscheschicht gelöst wird und ein Grauschleier entsteht. Für welchen der vielen erhältlichen Farbtöne Sie sich entscheiden, bleibt Ihnen überlassen.

Außerdem sollten Sie eine Rohr- und Zeichenfeder besitzen. Ich selbst ziehe die Rohrfedern vor, da deren Strich spontaner und lebendiger wirkt und eine freie Darstellungsart ermöglicht. Ein kleiner Tip zum Malen mit Rohrfedern: Da Tusche verhältnismäßig dickflüssig ist, kann es sein, daß sie zäh von der Feder fließt. Dies können Sie vermeiden, indem Sie Ihre Rohrfeder erst in Tusche und anschließend mit der Spitze kurz in sauberes Wasser tauchen. Damit verdünnen Sie die Tusche etwas, und sie wird fließfähiger.

# Übung 11: Verlassenes Gehöft

Die Skizze dient als zeichnerische Übung für die Formen der Häuser und der Bäume. Arbeiten Sie bereits hier mit freien und ungezwungenen Strichen und versuchen Sie lediglich die wesentlichen Merkmale des Gehöfts zu erfassen. Auf allzu genaue Detaillierung sollte verzichtet werden.

1 Für das Aquarell bereiten Sie folgende Farben vor: Coelinblau, Indischgelb, Rotviolett (Rosa und Coelinblau). Außerdem sollten Sie sich ein zusätzliches Wasserglas bereitstellen, in das Sie nur die Rohrfeder eintauchen. Damit vermeiden Sie ein Verschmutzen der Farben. Skizzieren Sie die Umrißlinien der Häuser und nässen Sie anschließend gründlich Ihr Papier. Ohne vorerst die Häuserformen zu berücksichtigen, tragen Sie nun Coelinblau und Indischgelb auf. Verwenden Sie dabei einen möglichst dicken Pinsel und lassen Sie die beiden Farben teilweise ineinanderfließen und sich vermischen.

Farben:
Coelinblau
Indischgelb
Rosa

Technik:
Naß-in-Naß-Technik
Tusche
Lasurtechnik

Bildformat:
65 x 49 cm

*Die Skizze ist zugleich Orientierungshilfe und Vorübung für die Tuschezeichnung.*

*Mit Coelinblau und Indischgelb erfolgt der erste, freie Farbauftrag.*

*Das Rotviolett vermischt sich teilweise mit den bereits aufgetragenen Farben.*

2 Arbeiten Sie rasch und zügig weiter und tragen Sie in der gleichen ungezwungenen Art Rotviolett auf, das in der Verbindung mit Coelinblau und Indischgelb neue Farbmischungen ergibt. Versuchen Sie, sich in der Anlage der Farben von den Bildgegenständen zu lösen.

3 Nun verstärken Sie einzelne Farbpartien mit Indischgelb, das sich an einigen Stellen mit dem Rotviolett vermischen und einen bräunlichen Farbton ergeben soll. Hier sollten Sie teilweise die Form der Häuser berücksichtigen, dabei aber nicht allzu genau vorgehen.

4 Mit Rohrfeder und Tusche werden anschließend die Formen der Häuser, Bäume und der angedeuteten Steine im vorderen Bereich auf den noch nassen Malgrund gezeichnet. Arbeiten Sie dabei mit fragmentierenden Strichen. Je nach Feuchtigkeit der darunterliegenden Farben fließt die Tusche unterschiedlich aus. Lassen Sie dann Ihr Bild trocknen.

5 Betrachten Sie Ihr Bild eingehend und festigen Sie einzelne Gegenstände mit unterschiedlichen Farblasuren, wie dies hier z. B. bei dem großen Baum im rechten Bildteil und bei der Mauer links geschehen ist. Gehen Sie dabei vorsichtig vor, damit die entstandenen nassen Verläufe der Farben in der Kombination mit Tusche nicht zugemalt werden. Es ist nun durchaus möglich, auf diese erneut aufgetragenen Farben, so lange sie noch feucht sind, noch

*Mit Indischgelb werden Farbakzente gesetzt.*

*Seite 57, oben:*
*Die mit der Rohrfeder aufgetragene Tusche fließt unterschiedlich stark aus.*

*Seite 57, unten:*
*Zeichnerische Detaillierungen auf trockenem Bildgrund vervollständigen die Darstellung.*

einmal eine Tuschzeichnung aufzubringen und diese wiederum ausfließen zu lassen. Sie sollten dies aber nur tun, wenn es Ihnen unbedingt notwendig erscheint.

Die abschließende zeichnerische Detaillierung mit Rohrfeder und Tusche muß auf trockenem Farbengrund ausgeführt werden. Entwickeln Sie bei dieser Ausarbeitung ein möglichst freies Formengefühl, denn der Reiz dieser Mischtechnik liegt im spontanen Ausdruck. Die Steine im Vordergrund sowie einzelne Teile der Dächer detaillieren Sie etwas genauer. Es genügen allerdings einige angedeutete Dachziegel, Fensteröffnungen und Türen. Betrachten Sie Ihr Bild bei diesem Arbeitsgang immer wieder aus einigem Abstand, um einen besseren Überblick zu erhalten. Überlegen Sie sich die einzelnen Ausarbeitungen genau und nehmen Sie diese äußerst sparsam vor.

# Naß-in-Naß-Technik mit Tusche und Salz

Farben:
Coelinblau
Indischgelb
Rosa
Zitronengelb

Technik:
Naß-in-Naß-Technik
Tusche
Salztechnik

Bildformat:
43 x 40 cm

*Mit Hilfe des Goldenen Schnitts ist der Bildort des Turmes festgelegt.*

## Übung 12: Palazzone

Dieses Aquarell stellt einige Anforderungen an Ihr maltechnisches Können und die Geschwindigkeit beim Malen. Da Sie aber die Darstellung von südlichen Häusern sowie den Umgang mit der Naß-in-Naß-Technik, mit Salz und auch mit Tusche bereits geübt haben, wird es Ihnen sicherlich möglich sein, ein befriedigendes Ergebnis zu erzielen. Das Bild entstand Anfang November in der Toskana, und die fortgeschrittene Jahreszeit bestimmte die Farbgebung. Durch die Verwendung von Salz als Mischtechnik wird hier das Alter der Häuser mit den verwitterten Mauersteinen und Dachziegeln suggeriert. So kommt das typische »Veccia« der toskanischen Häuser zum Ausdruck.

1 Folgende Farben werden für das Aquarell benötigt: Coelinblau, Indischgelb, Rosa und Zitronengelb, Rotbraun (Rosa, Indischgelb, eine Spur Coelinblau), Sepia (Rosa, Zitronengelb, etwas mehr Coelinblau), Rotviolett (Rosa und Coelinblau).

Zeichnen Sie die Häuser in einfachen Formen auf. Dann wird das Papier mit Farbe genäßt. Benützen Sie dafür den Flachpinsel und tragen Sie die Farben wie folgt auf: zuerst die coelinblauen Partien, anschließend den breiten gelben Streifen mit intensivem Indischgelb, dann links daran anschließend Rotbraun und Sepia. Lassen Sie die braunen Farbreste in Ihrem Pinsel, tauchen Sie diesen nochmals in sauberes Wasser und malen Sie den rechten oberen Bildteil mit dieser verwässerten Farbe. Im Vordergrund sollten die Pinselstriche unregelmäßig enden, so daß gleichzeitig viel Weiß stehenbleibt. Mit dem Rundpinsel spritzen Sie noch etwas Coelinblau und ein wenig Zitronengelb auf den nassen Farbengrund.

2 Mit raschen Federstrichen und Tusche zeichnen Sie jetzt die Häuser und einige Striche im Vordergrund auf die noch nassen Farben Ihres Bildes. Anschließend streuen Sie sofort Salz darauf. Dieses schnelle Arbeiten mit unterschiedlichen Materialien erfordert sicherlich viel Konzentration und Übung. Lassen Sie sich nicht entmutigen, wenn es Ihnen nicht auf Anhieb gelingt, diese unterschiedlichen Techniken

Seite 58, unten:
*Intensives Indischgelb und lichtes Coelinblau bilden Farbakzente im Grundauftrag.*

*links:*
*Vor dem Aufstreuen des Salzes wird die Zeichnung mit Rohrfeder und Tusche angelegt.*

auf noch nassem Farbengrund perfekt durchzuführen. Schnelligkeit und Sicherheit stellen sich mit zunehmender Übung ein.

3 Da der Trocknungsprozeß durch das Salz verzögert wird, kann es durchaus möglich sein, daß Sie erst am nächsten Tag die Ausarbeitung Ihres Bildes vornehmen können. Ausdrücklich möchte ich anmerken, daß es wichtig ist, die Strukturen, die durch die Mischtechnik entstanden sind, zu akzeptieren und bei der Detaillierung nicht dagegen zu arbeiten. Es ist auf alle Fälle besser, formmäßige Ungereimtheiten stehenzulassen, als mit Gewalt zu versuchen, diese in Gesetze der Darstellung zu zwingen.

***Detail von Seite 60:***
*Die Wirkung von Salz auf nasser Tusche können Sie im linken Bildbereich erkennen. Auch Tusche wird von den Salzkörnern aufgenommen, aber mit anderem Ergebnis. Da sie schwerer ist als Aquarellfarbe, sind diese Stellen begrenzt und nur leicht größer als die Salzkörner. Sie erscheinen nach der Trocknung fast weiß. Ein interessanter Effekt, den man zielgerichtet einsetzen kann.*

*Das fertige Aquarell, dessen Wirkung wesentlich von den mit Salz gebildeten Strukturen und Tuschelinien bestimmt wird.*
*Die Technik verleiht dem Bild den »bruchstückhaften« Eindruck, womit der verwitterte Außenzustand des Gebäudes ideal umgesetzt werden kann.*

Entfernen Sie zuerst gründlich alle Salzkörner von Ihrem Bild, damit Sie beim Tuschzeichnen nicht gehemmt werden. Nun versuchen Sie mit der Rohrfeder breitere und feinere Linien zu zeichnen und teilweise kleinere Flächen mit Tusche zu malen. Für diese sollten Sie die Breitseite Ihrer Feder benutzen. Festigen Sie so die Form der Häuser und deren Dächer. Deuten Sie Dachrinnen, Fenster und Türen an und zeichnen Sie mit unterschiedlich breiten Strichen Steine und Bodenunebenheiten im Vordergrund.

# Fertigstellen von Aquarellen

## Spannen

Beim Malen sind nicht nur Kreativität und Spontaneität gefragt, sondern auch handwerkliche Fertigkeiten. Zu diesen handwerklichen Verrichtungen gehört das richtige Behandeln und Fertigstellen gemalter Bilder. Gerade für Aquarelle in Naß-in-Naß-Technik ist dies besonders wichtig, da sich das Papier beim starken Anfeuchten ausdehnt und beim Trocknen wieder zusammenzieht. Dadurch kommt es zu Wellenbildung. Hochwertige Aquarellblocks sind aus diesem Grund allseitig verleimt. Dies verhindert starke Wellen, aber es kann passieren, daß sich das Papier nicht mehr gleichmäßig zusammenzieht, so daß trotzdem leichte Wellenbildung auftritt. Oft ist dies erst dann zu erkennen, wenn das Bild hängt. Weil es die Wirkung eines guten Aquarells beeinträchtigt, sollten Sie es sich zur Gewohnheit machen, Ihre fertigen Arbeiten nach dem Trocknen aufzuspannen und absolut glatt zu rahmen.

Zum Spannen schneiden Sie Ihr fertiges Aquarell so zu, daß allseitig ein weißer Rand von mindestens 1 1/2 cm übersteht. Legen Sie es mit der bemalten Seite auf die Spanplatte, so daß die unbearbeitete weiße Seite nach oben zeigt. Nun schneiden Sie das Klebeband für alle vier Seiten Ihres Bildes zu. Die Streifen sollten etwas länger als die jeweilige Seite Ihres Aquarells sein. Legen Sie die fertigen Streifen bereit, damit Sie zügig vorgehen können.

Mit sauberem Wasser und dem Schwamm nässen Sie nun die Rückseite Ihres Bildes gleichmäßig ein. Dadurch dehnt und wellt sich das Papier stark. Um an den Ecken Tütenbildung zu vermeiden, legen Sie auf das nasse Papier die zweite, etwas kleinere Platte. Damit sich der Leim löst, werden nun die zugeschnittenen Klebebänder ebenfalls mit dem Schwamm angefeuchtet. Kleben Sie das Band so an die Ränder Ihres Bildes, daß etwa die Hälfte auf dem Papier, die andere Hälfte auf der Holzplatte aufliegt. Streifen Sie es sorgfältig fest, damit es sich faltenfrei mit dem Papier und der Holzplatte verbindet.

Das gespannte Bild muß nun langsam bei Zimmertemperatur trocken – und zwar liegend. Andernfalls könnten sich die Bänder verziehen und durch die entstehende Spannung vom Untergrund lösen. Ist das gespannte Bild absolut trocken, können Sie es mit einem scharfen Messer von der Holzplatte abtrennen. Am besten verwendet man dafür ein Papiermesser (Cutter), mit dem man entlang der Papierkante das Klebeband durchschneidet.

Da es etwas schwierig ist, zu erkennen, ob die Papierfläche wirklich ganz trocken ist, nachfolgend ein kleiner Trick: Selbst wenn sich das aufgespannte Bild handtrocken anfühlt, befindet sich noch ein kleiner Rest Feuchtigkeit im Papier. Diese auch noch so geringe Restfeuchtigkeit bewirkt, daß sich das Aquarell wirft. Um dies zu vermeiden, können Sie nun unbesorgt das gespannte Bild mit dem Fön trocknen.

Zum Spannen benötigen sie folgendes Material:

- eine Span- oder Hartfaserplatte, die weder beschichtet noch lackiert oder gewachst sein darf, damit die Bilderklebestreifen darauf haften können,
- sogenanntes Bilderklebeband, das in Rollen im Fachhandel erhältlich ist. Dieses Band hat ähnliche Eigenschaften in der Ausdehnung wie Aquarellpapier. Beim Nässen, wodurch das Klebemittel gelöst wird, dehnt sich das Band, beim Trocknen zieht es sich wieder zusammen.
- eine gut schneidende Schere,
- ein flaches Gefäß mit sauberem Wasser,
- einen Schwamm,
- evtl. eine zweite Platte aus beliebigem Material, die etwas kleiner als das fertige Bild ist. Sie dient nur zur Arbeitserleichterung und hilft »Tütenbildung« an den Ecken zu vermeiden.

*Seite 63, oben:*
*Ein sehr kleiner Bildausschnitt, in dem die Kontrastwirkung der beiden gelben Stellen Akzente setzt.*

*Seite 63, unten:*
*Bei diesem kleinen Ausschnitt verschwindet durch das Passepartout das Blau des Himmels. Der dramatische, expressive Charakter des Aquarells wird dadurch verstärkt.*

## Bildausschnitte bestimmen

Das Passepartout ist ein wichtiger Schutz für das Aquarell und bietet zudem die Möglichkeit, einen vorteilhaften Bildausschnitt zu wählen bzw. auch mißglückte Flächen abzudecken. Sie können vorgefertigte Passepartouts kaufen, die aber den Nachteil haben, daß der Bildausschnitt in der Größe bereits festgelegt ist.
Um selbst einen geeigneten Ausschnitt zu bestimmen und ein dementsprechendes Passepartout anzufertigen, können sogenannte *Passepartoutstreifen* sehr hilfreich sein. Dies sind vier weiße Kartonstreifen, die etwa 10 cm breit und länger als die Seiten Ihres gemalten Bildes sind. Sie können die Streifen selbst zuschneiden und immer wieder verwenden. Durch das Verschieben der Streifen auf dem Aquarell ist es möglich, Bildausschnitte in beliebiger Abmessung festzulegen und die unterschiedliche Wirkung besser zu erkennen.

Die Wahl des richtigen Bildausschnitts erfordert einige Übung. Wie wichtig dies aber für die Wirkung eines Aquarells sein kann, zeigen Ihnen die folgenden Abbildungen.

*oben links:*
*Das fertige Aquarell, das insgesamt etwas unruhig und zu stark gegliedert wirkt.*

*oben rechts:*
*Durch das Passepartout sind der obere Rand sowie die beiden Seiten, die durch Pinselstriche zu stark strukturiert sind, abgedeckt. Die Zergliederung des Blattes wird dadurch bereits abgemildert.*

*rechts:*
*Dieser kleinere Ausschnitt ist so gewählt, daß sich in der rechten Bildseite durch die Farbgebung ein Blickpunkt bildet. Interessant wirkt auch das längliche Format des so entstandenen Bilds.*

# Passepartouts schneiden

Die Größe des Bildausschnittes muß so festgelegt werden, daß er auf allen vier Seiten mindestens 2 cm kleiner als das fertige Bild ist. Die Abmessungen werden dann auf den Passepartoutkarton übertragen. Mit dem Metall-Lineal und dem Cutter schneiden Sie nun das Fenster aus.

Das Schneiden von Passepartouts erfolgt am besten auf einer Glasplatte. Mit dem Cutter können Sie so ohne Hindernisse schneiden, und gleichzeitig wird der Arbeitstisch dadurch geschützt.

Legen Sie Ihr Bild hinter das Passepartout, so daß der gewünschte Bildausschnitt sichtbar wird. Ihr Aquarell besitzt vom Spannen auf allen vier Seiten einen Rahmen aus Bilderklebeband. Dieser verhindert das Durchschlagen von Klebstoffen, so daß Sie das Bild allseitig mit einem Klebestreifen auf der Rückseite des Passepartouts befestigen können.

Als zusätzlicher Schutz des Bildes kann noch ein zweites passendes Stück Karton auf der Rückseite des Passepartouts festgeklebt werden.

Für ein Passepartout ohne Schrägschnitt benötigen Sie folgendes Material:

- Passepartout- oder Bristol-Karton, weiß oder in passendem Farbton, allseitig mindestens 10 cm größer als der gewählte Bildausschnitt, Papiergewicht etwa 490 g/m$^2$ (bei stärkeren Kartons ist Schrägschnitt erforderlich),
- ein Metall-Lineal,
- eine harte, glatte Unterlage (evtl. Glasplatte) zum Schutz des Arbeitstisches,
- einen Cutter (evtl. Teppichschneidemesser) mit auswechselbarer, scharfer Klinge,
- Bleistift und Lineal,
- Klebeband.

Zum Aufhängen sollte Ihr Bild mit dem Passepartout unter Glas gebracht und eventuell mit einer Rahmenleiste eingefaßt werden. Ungerahmte Bilder, gleich ob mit oder ohne Passepartout, bewahrt man am besten liegend in einer Mappe auf.

Die Deutsche Bibliothek –
CIP-Einheitsaufnahme

**Eisenbarth, Barbara:**
Nass-in-Nass-Techniken : Schritt-für-Schritt-Anleitungen ; Übungs- und Lernprogramm ; auf Nass-in-Nass-Malerei abgestimmt / Barbara Eisenbarth. – Augsburg : Augustus-Verl., 1997
(AquarellWorkshop)
ISBN 3–8043–0535–0



Die im Buch veröffentlichten Ratschläge wurden von Verfasserin und Verlag sorgfältig erarbeitet und geprüft. Eine Garantie kann dennoch nicht übernommen werden. Ebenso ist eine Haftung der Verfasserin bzw. des Verlages und seiner Beauftragten für Personen-, Sach- und Vermögensschäden ausgeschlossen.



Umschlaggestaltung:
Reinald Schwarz, München
Lektorat: Eva-Maria Müller, Augsburg
Layout und Satz: Michael Stiehl, Augsburg

AUGUSTUS VERLAG AUGSBURG 1997


Reproduktion: Fotolito Veneta, San Martino buon Albergo / Verona, Italien
Druck und Bindung: Appl, Wemding
Gedruckt auf 135 g umweltfreundlich elementar chlorfrei gebleichtes Papier.

ISBN 3–8043–0535–0
Printed in Germany